図解 眠れなくなるほど面白い

脳の話

脳科学者
茂木健一郎 著
KENICHIRO MOGI

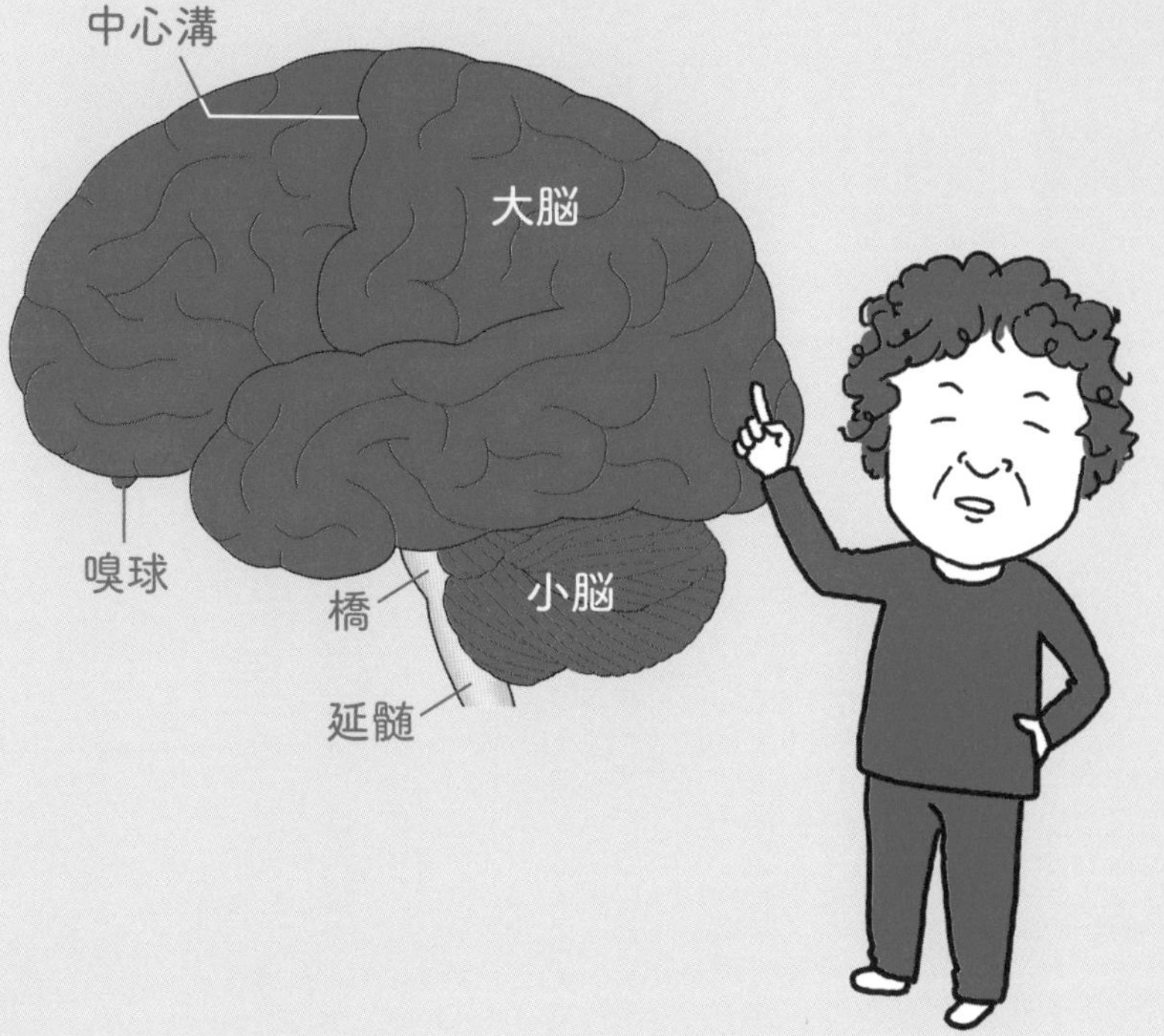

日本文芸社

はじめに

脳に対する関心が、年々高まっていることを感じる。いわゆる「脳科学ブーム」から、最近ではさらに人工知能の発達による危機感も脳への興味の増大に結びついていると思う。

人工知能は、すでに多くの分野で人間の能力を超えている。囲碁、将棋、チェスでは人間をはるかに凌《りょう》駕《が》するようになった。計算能力はもちろん、パターン認識の能力でも、人工知能は人間を上回っている。

このような時代に、人間の脳に求められることは何か、日々、どのように暮らして、どんなことを心がければいいのか、子どもの教育はどうあるべきか。そのような問いを、専門家だけでなく一般の方々も自分や周囲に投げかけるようになってきたのである。

本書は、脳についての興味深いトピック、知っておくべき基本的な知識を図解とともにまとめたものである。最初から最後まで読んでいただければ、読む前よりも脳についての理解が深まり、人工知能時代にも負けないで前に進む自信のようなものが生まれてくるのではないかと思う。

人工知能の発達はすばらしいが、人間の脳も負けたものではない。特に、他人といろいろな意見をやりとりしたり、感情を共有したりする「コミュニケーション」や、これまでにない新しいことを思いついたり、生み出したりする「創造性」においては、まだまだ人間の脳は大きな可能性をもっている。

コミュニケーションや創造性において大切なのは、一人ひとりの「個性」である。個性は欠点と長所からなっていて、その全体として意味をもつ。100人いたら、100人の個性が「正解」なのである。上も下も、順位も偏差値もない。

ただ、そのかけがえのない個性を活かすためには、自分自身を知らなければならない。前頭葉の働きである、自分自身を見つめ、把握する「メタ認知」の機能によって、自分を映す「鏡」を手に入れなければならないのだ。

個性といっても、一人ひとりが全く共通点がないわけではない。人間である以上、どんな人の脳にも当てはまることはある。脳科学の役割は、個性を明らかにすることも、もちろんあるけれども、その前にすべての人に当てはまる性質を調べることである。本書を通して、まずは自分の脳の働き、仕組みを知ってほしい。そこには、科学の輝きがある。

その上で、自分にしかないユニークな能力は何か、どこが欠点で、どこが長所なのか、ゆっくりじっくりと考え、感じてみてほしい。人生は旅である。自分のことを知らないと、楽しい旅にはならない。

人工知能時代に自分を映す「鏡」として、本書を活用していただけたら幸いである。

2020年1月

茂木健一郎

脳の全体構造

※側方から見た図

脳の表面

中心溝《ちゅうしんこう》

大脳にある深い溝のひとつで、前頭葉《ぜんとうよう》と頭頂葉《とうちょうよう》の境界。

大脳《だいのう》

表面を覆う大脳《だいのう》皮《ひ》質《しつ》(灰白質)と内部の髄質《ずいしつ》(白質)とで構成。

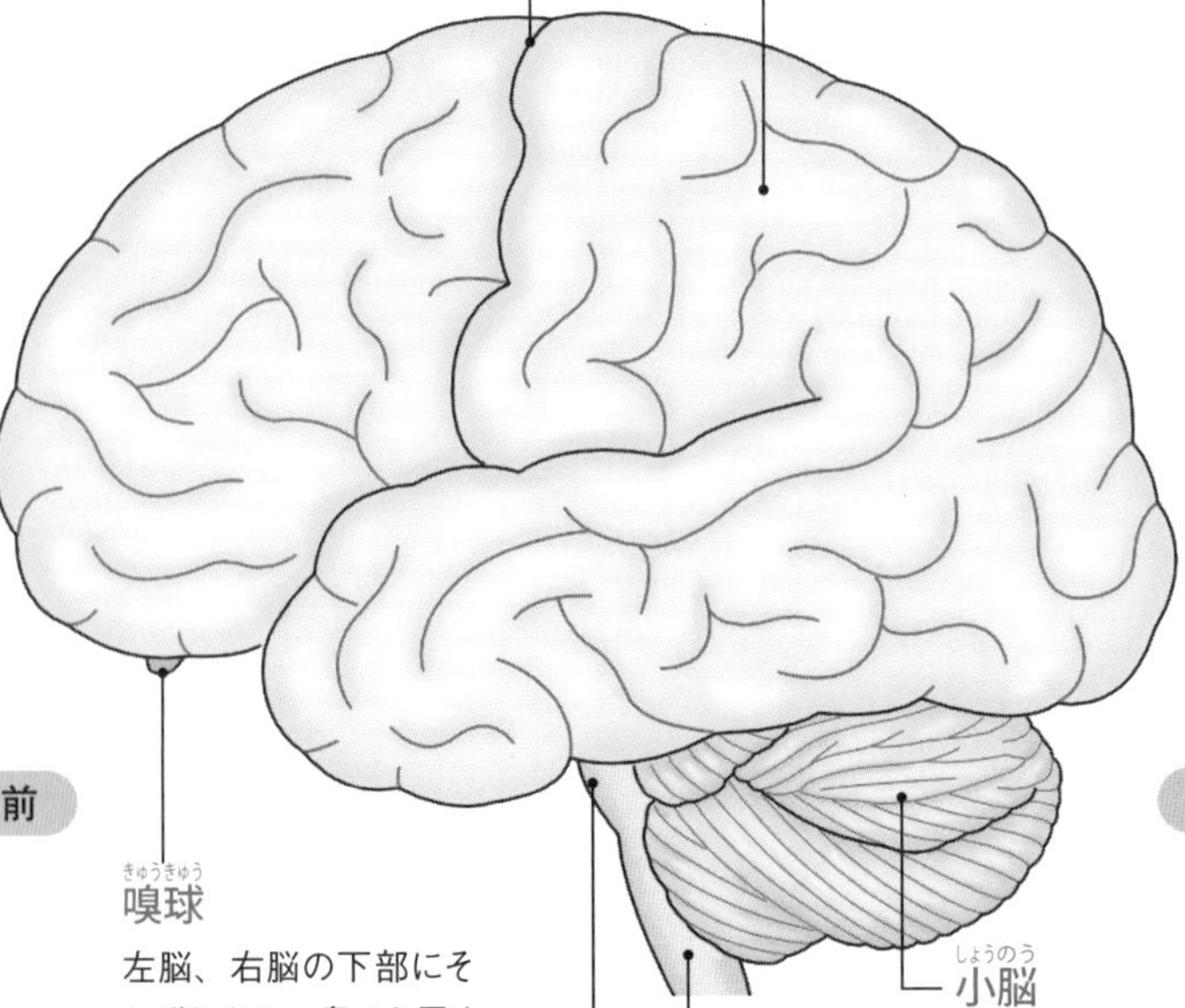

前

後ろ

嗅球《きゅうきゅう》

左脳、右脳の下部にそれぞれある。鼻から届く嗅覚情報を処理。

小脳《しょうのう》

大脳と連携し、筋肉の動きの強さを調節したり、バランスがとれた動きができるようにする。

橋《きょう》

大脳皮質からの運動の刺激は橋を通って小脳へ伝わる。

延髄《えんずい》

呼吸や心臓の鼓動、血液循環、消化の中枢といった生命維持に不可欠な機能を担う。

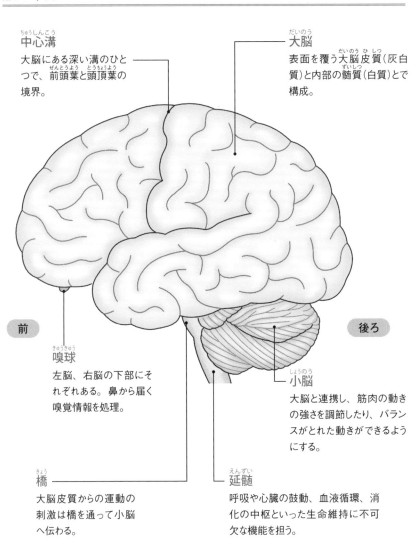

脳は大きく大脳《だいのう》、小脳《しょうのう》、脳幹《のうかん》の3つの領域で構成されています。
そのうち約85%を大脳が占めています。
脳幹は、間脳《かんのう》、中脳《ちゅうのう》、橋《きょう》、延髄《えんずい》で構成されています。
私たちの生命活動の中枢《ちゅうすう》である脳の構造を知っておきましょう（詳細は5章）。

脳の断面

脳梁《のうりょう》

左右の脳をつなぐ。脳梁を通して情報交換し、共同で作業を行なっている。

松果体《しょうかたい》

睡眠に関わるホルモン、メラトニンを分泌する内分泌器官。

視床《ししょう》

全身の感覚・知覚情報を大脳に伝える中継所。

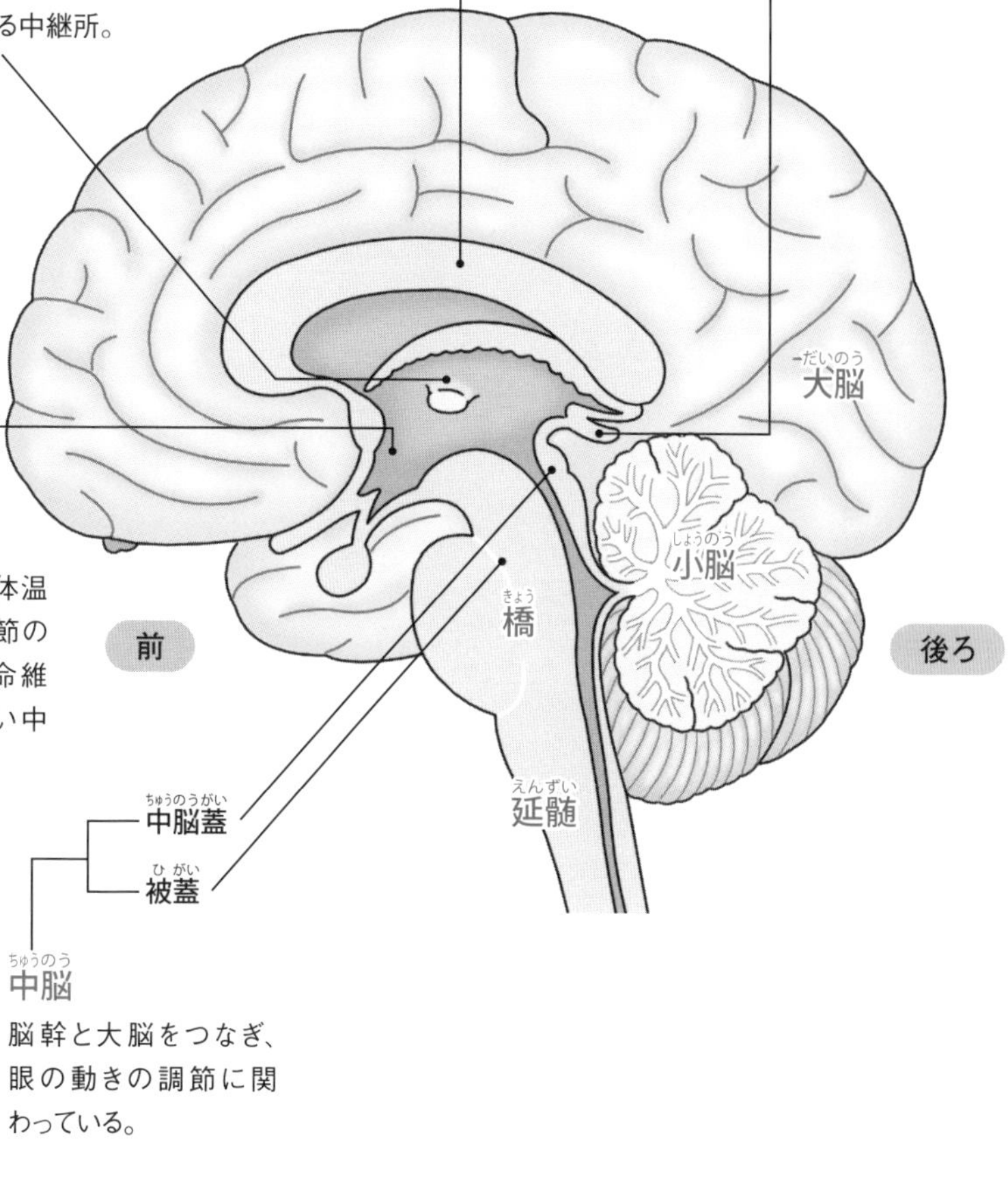

視床下部《ししょうかぶ》

間脳の一部。体温調節や血糖調節の中枢など、生命維持に欠かせない中枢がある。

中脳《ちゅうのう》

脳幹と大脳をつなぎ、眼の動きの調節に関わっている。

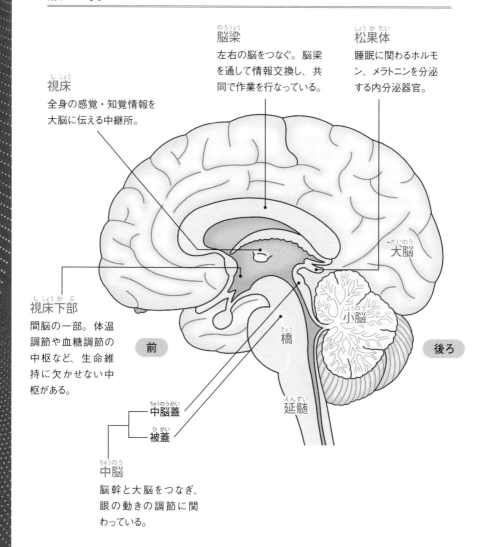

大脳の全体構造

※側方から見た図

大脳半球の構造

前頭葉《ぜんとうよう》

物事を考える、判断する、創造する、記憶をする、意欲を出す、感情をコントロールするといった人間らしい心の働きを担っている。また、運動のコントロールも行なっている。

頭頂葉《とうちょうよう》

顔や手足などの「触った」「触られた」という感覚情報の統合と視覚的空間処理を行なう。

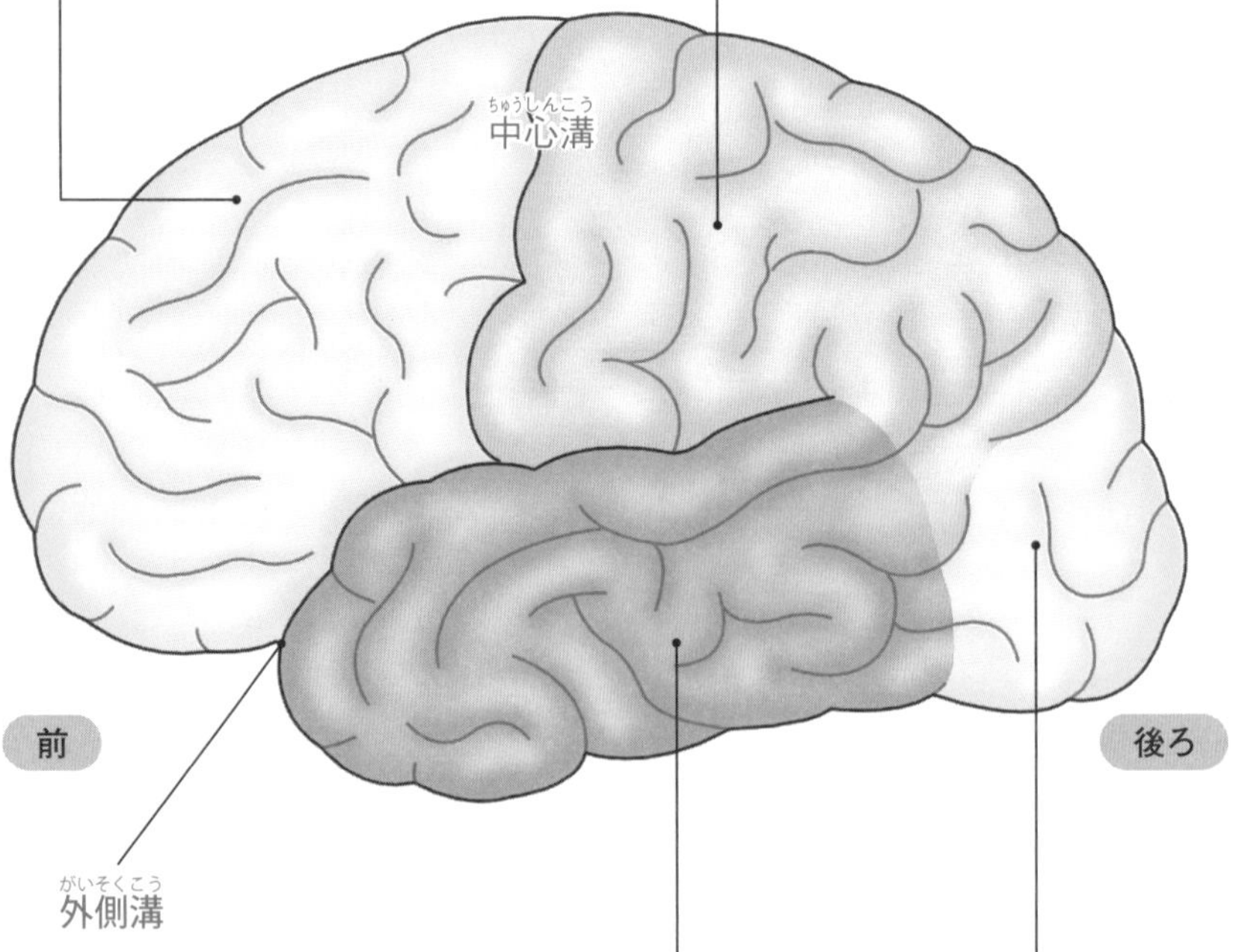

側頭葉《そくとうよう》

聴覚、言語、記憶に深く関わり、音や色、形の情報処理を行なう。

後頭葉《こうとうよう》

視覚からの情報を処理する。色彩の認識も行なう。

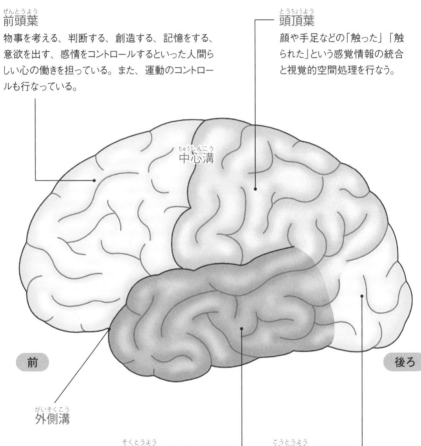

脳の大部分を占める大脳は、右脳と左脳に分かれ、
さらにそれぞれが溝《こう》と呼ばれる深いみぞを境に4つの葉に分けられます。
大脳の表面は大脳皮質《だいのうひしつ》という神経細胞が集まった組織で覆われていて、
部位ごとに異なる機能があります（詳細は5章）。

大脳半球の断面

帯状回《たいじょうかい》
大脳辺縁系《だいのうへんえんけい》にあり、血圧、心拍数、呼吸器の調節、
意思決定、共感、認知などの情動の処理を行なう。

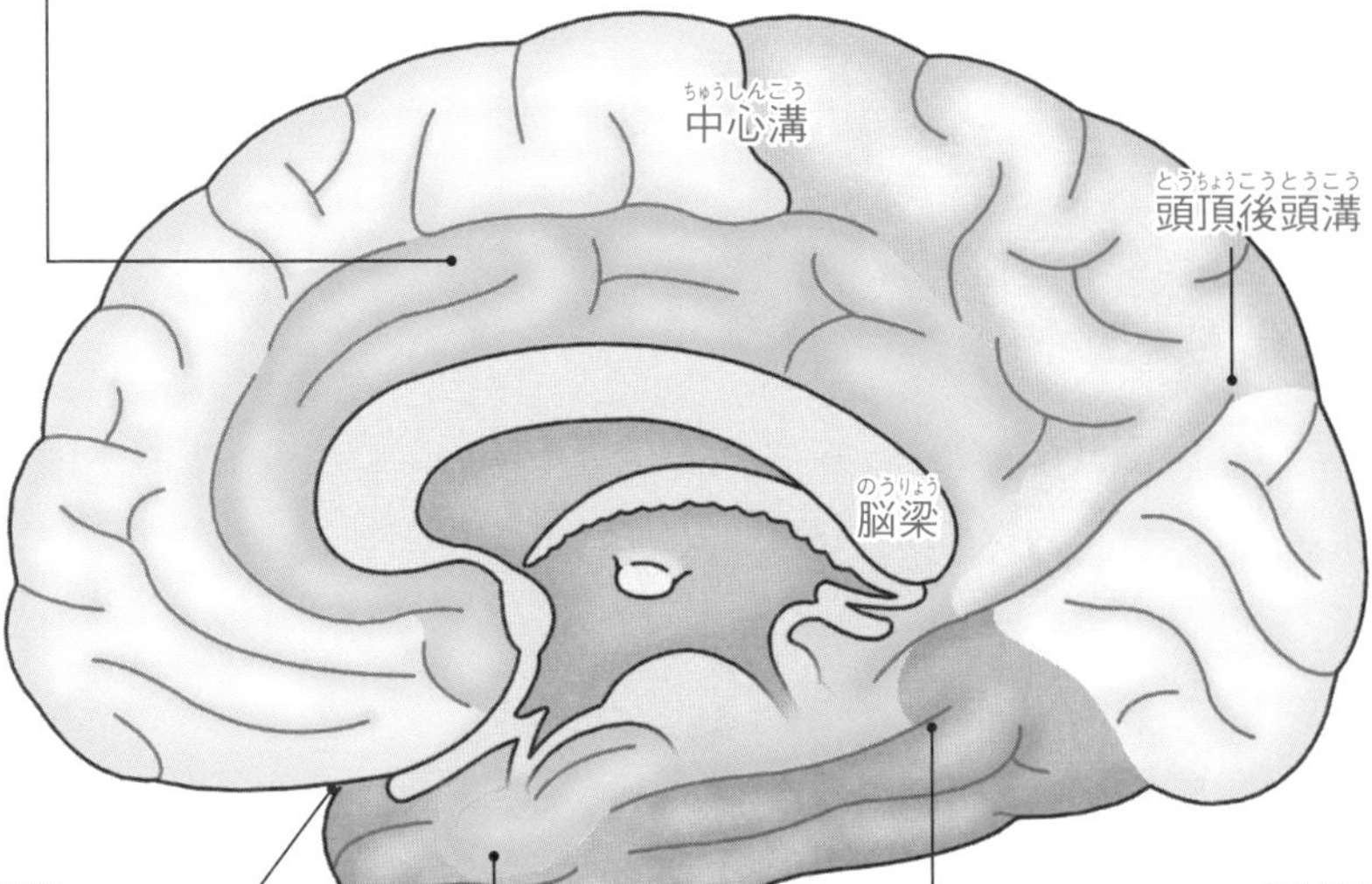

前

後ろ

側副溝《そくふくこう》

外側溝《がいそくこう》

海馬傍回《かいばぼうかい》
大脳辺縁系にあり、自然や都市風景など場所の画像といった地理的な風景の記憶、顔の認識に関与。

生物の脳進化の歴史

哺乳類以前の脊椎《せきつい》動物の脳

哺乳類より起源の古い両生類、爬虫類では、危険から身を守る視葉《しよう》、嗅球《きゅうきゅう》が肥大化している。

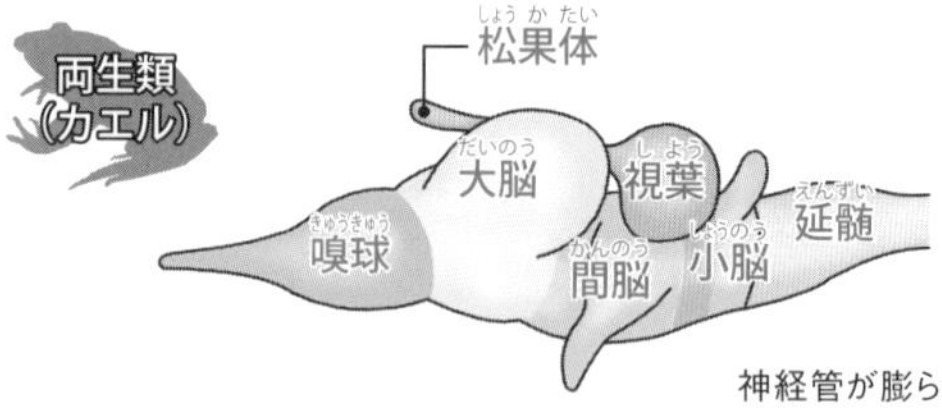
両生類
(カエル)
松果体《しょうかたい》
大脳《だいのう》
視葉《しよう》
延髄《えんずい》
嗅球《きゅうきゅう》
間脳《かんのう》
小脳《しょうのう》

神経管が膨らみ、脳が形成されているが、大脳の容積は小さい。

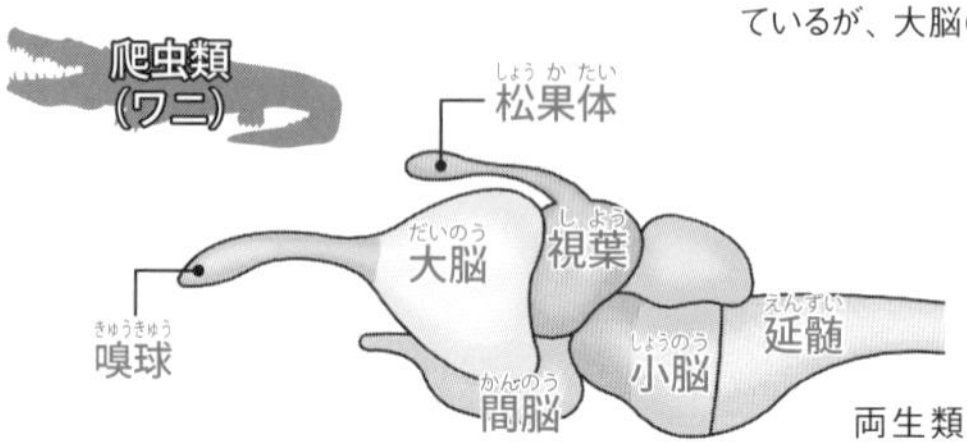
爬虫類
(ワニ)
松果体《しょうかたい》
大脳《だいのう》
視葉《しよう》
延髄《えんずい》
嗅球《きゅうきゅう》
小脳《しょうのう》
間脳《かんのう》

両生類に比べると嗅球が徐々に退化し、大脳の膨らみが大きくなっている。

哺乳類の脳の進化

哺乳類では嗅球が退化し、大脳が著しく発達する。特に高等生物になるに従って大脳《だいのう》皮質《ひしつ》が増え、全体を占める大脳の割合が大きくなる。

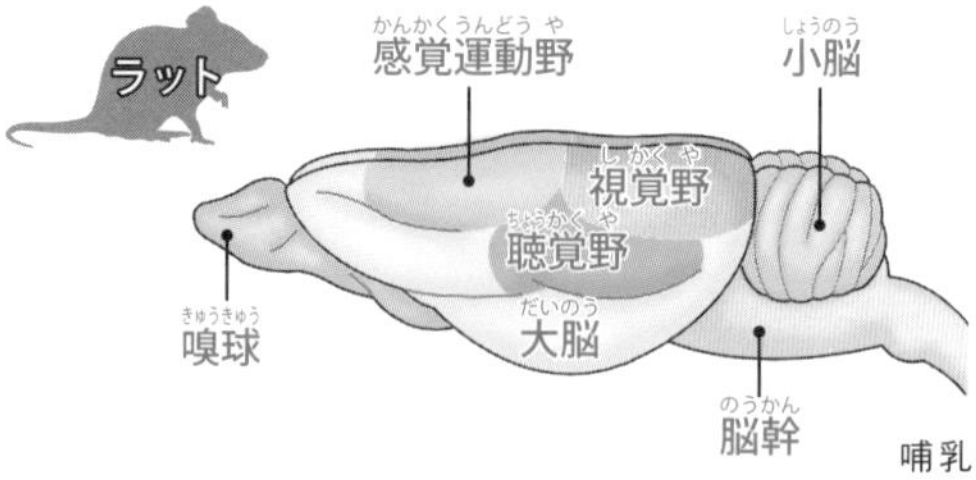
ラット
感覚運動野《かんかくうんどうや》
小脳《しょうのう》
視覚野《しかくや》
聴覚野《ちょうかくや》
嗅球《きゅうきゅう》
大脳《だいのう》
脳幹《のうかん》

哺乳類以前に比べると大脳が発達しているが容積はまだ小さい。

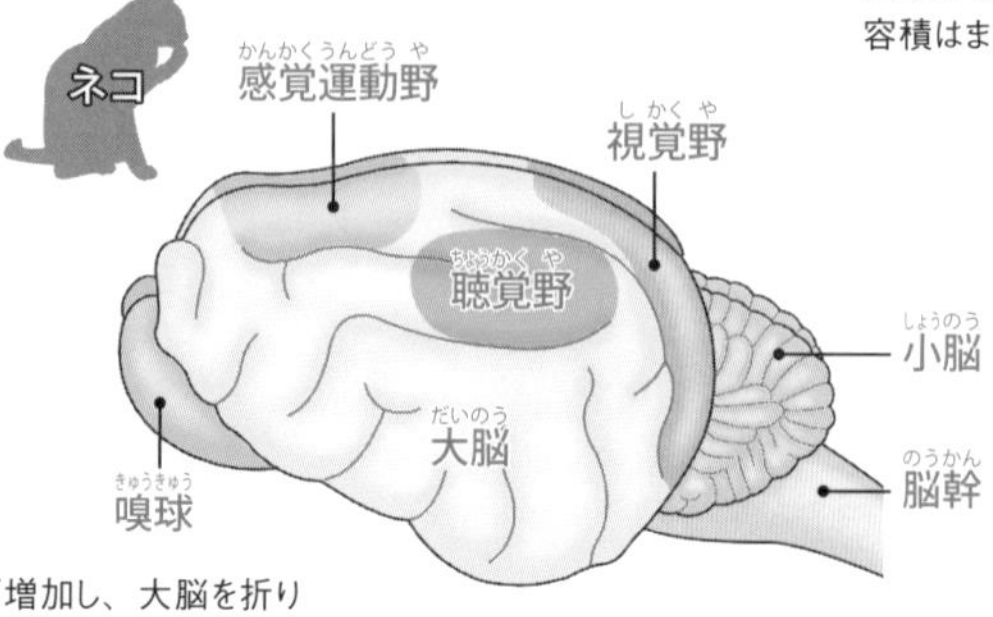
ネコ
感覚運動野《かんかくうんどうや》
視覚野《しかくや》
聴覚野《ちょうかくや》
小脳《しょうのう》
大脳《だいのう》
嗅球《きゅうきゅう》
脳幹《のうかん》

大脳の容積が増加し、大脳を折りたたんで頭蓋《とうがい》内におさめるため、表面にしわができている。

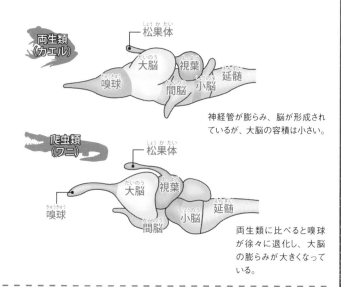

脳と脊髄《せきずい》からなる中枢《ちゅうすう》神経系の起源は、ホヤなどの原索《げんさく》動物に見られる神経管と呼ばれる組織です。初期の神経管はわずかな神経細胞しかありませんでしたが、それが進化にともない、ヒトの脳へと発達したのです。

ここでは進化の順に動物の脳とヒトの脳の違いを見ていきましょう。

チンパンジー

運動や感覚、特に視覚を司る領域が発達し、大脳皮質の面積が増えている。

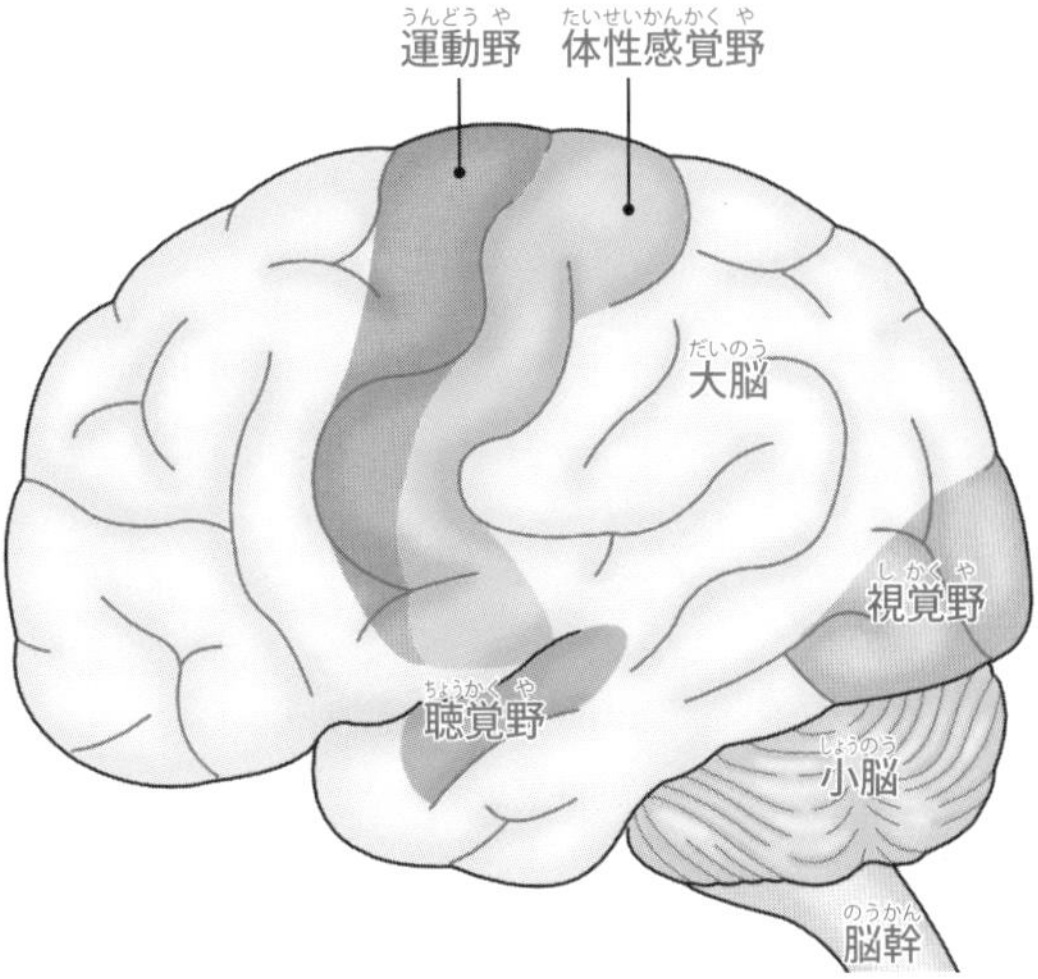

運動《うんどう》野《や》
体性感覚《たいせいかんかく》野《や》
大脳《だいのう》
視覚《しかく》野《や》
聴覚《ちょうかく》野《や》
小脳《しょうのう》
脳幹《のうかん》

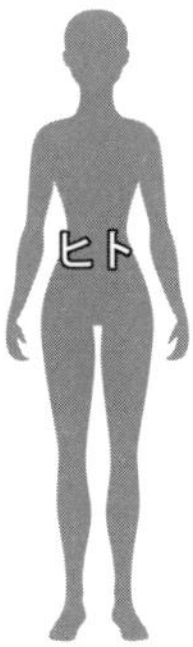

ヒト

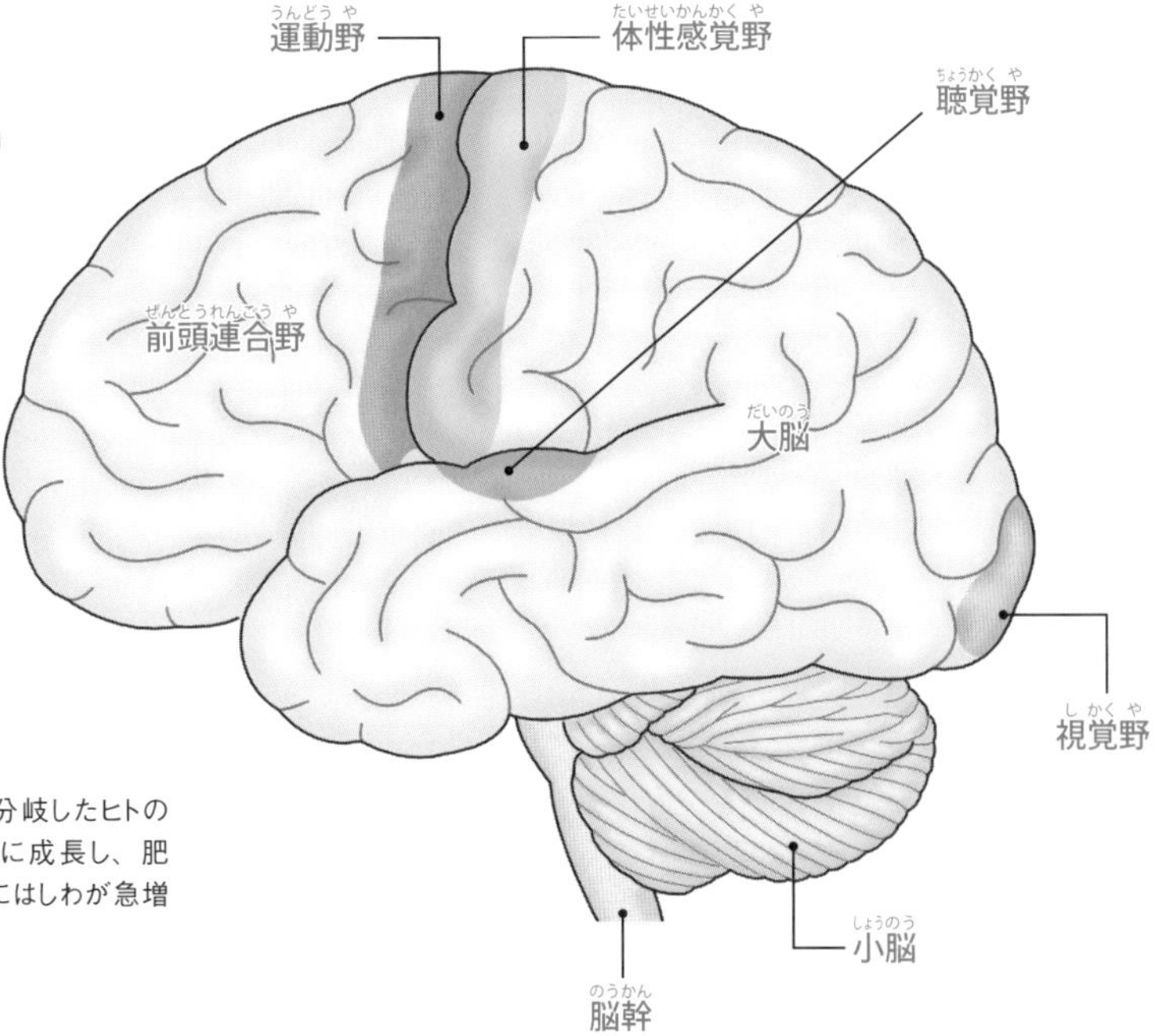

運動《うんどう》野《や》
体性感覚《たいせいかんかく》野《や》
聴覚《ちょうかく》野《や》
前頭連合《ぜんとうれんごう》野《や》
大脳《だいのう》
視覚《しかく》野《や》
小脳《しょうのう》
脳幹《のうかん》

霊長《れいちょう》類から分岐したヒトの脳は、急速に成長し、肥大化した脳にはしわが急増した。

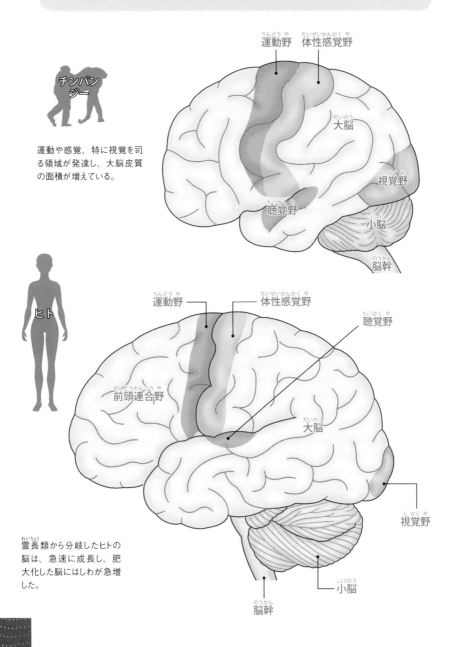

『眠れなくなるほど面白い 図解 脳の話』 目次

第1章 脳の取扱説明書

脳の基礎知識

第2章 脳は成長する

脳力を最大限に発揮させる方法

第3章 脳はひらめく
これからはひらめきの時代

第4章 AIと脳の未来
AI時代の脳の活かしかた

第5章 脳の働き

脳機能の一部を覗いてみよう

カバー・本文デザイン
Isshiki（デジカル）
イラスト
竹口睦郁
編集協力
阿南正起
風土文化社（大迫倫子）

第1章

脳の取扱説明書

脳の基礎知識

1

脳は物質なのに、なぜ意識が生まれるの？

いまだ解明されない現代科学の最大の謎

脳をめぐる問題の究極は、物質に過ぎない脳に、いかにして意識が、あるいは心が宿るかということです。

脳の神経細胞も突きつめていけば物質です。物質系の活動と反応は、最終的には方程式で記述されます。

物質の活動と反応が、方程式のような形式的な理論で書けるという立場を「物理主義」といいますが、この立場からは、意識を生み出す脳も、石ころなどと本質的には変わりはありません。

ところが、現在の知見を総合すれば、脳のなかの神経細胞の活動によって人間の意識が生まれていることは疑いのないところです。

なぜか？　ヒントは、神経細胞の関係性にあります。**神経細胞を1個取り出して培養しても、私たちが知るような人間の意識は生じません。神経細胞の関係性を通して、意識は生まれるからです。**

これは現代科学の最大の謎の1つで、私自身もライフワークとして「人間の意識とは何か」を解明する研究に取り組んでいます。でも、残念ながらいまだに答えにはたどり着けていません。

この謎が解ければ、まだ解明できていないほかの多くの謎が解明できる可能性が開けるかもしれません。生きるとはどういうことか、死ぬとはどういうことか、時間とは何か、といった哲学上の疑問に答えるカギが見つかるかもしれないのです。

大切な「心」を生み出しているのが脳であるとすれば、脳を考えるということは、すなわち「私たちの人生を考える」ということを意味しているといえます。

脳に意識が生まれるメカニズム

脳の大脳皮質は神経細胞が凝集してつくった神経回路で覆われている。外からの情報は神経細胞の連携で伝わる。この情報伝達によって「意識」が生まれる。このとき分泌される神経伝達物質のバランスによって、意識はポジティブにもネガティブにもなる。

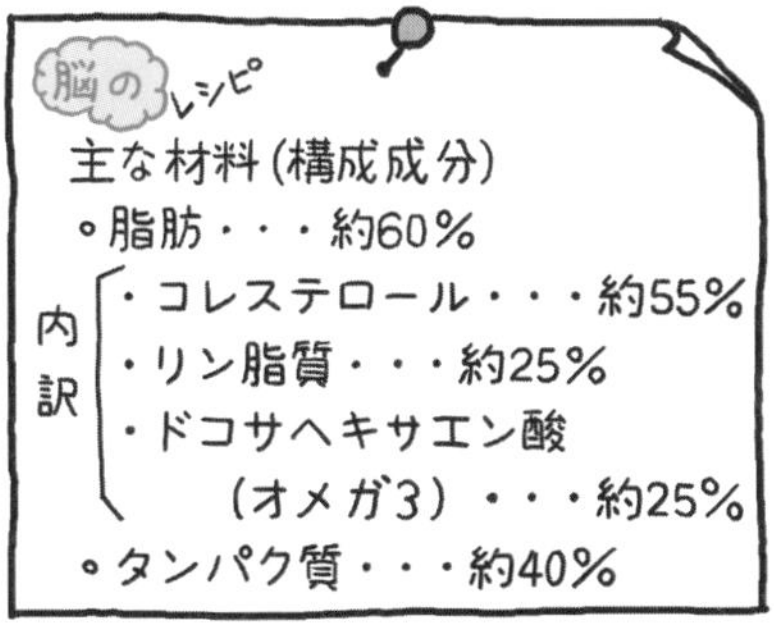
脳のレシピ
主な材料(構成成分)
∘脂肪・・・約60%
内訳
・コレステロール・・・約55%
・リン脂質・・・約25%
・ドコサヘキサエン酸
(オメガ3)・・・約25%
∘タンパク質・・・約40%

あの子
カワイイ♪
情報
シナプス小胞
細胞体
核
情報
樹状突起
情報
軸索
神経終末

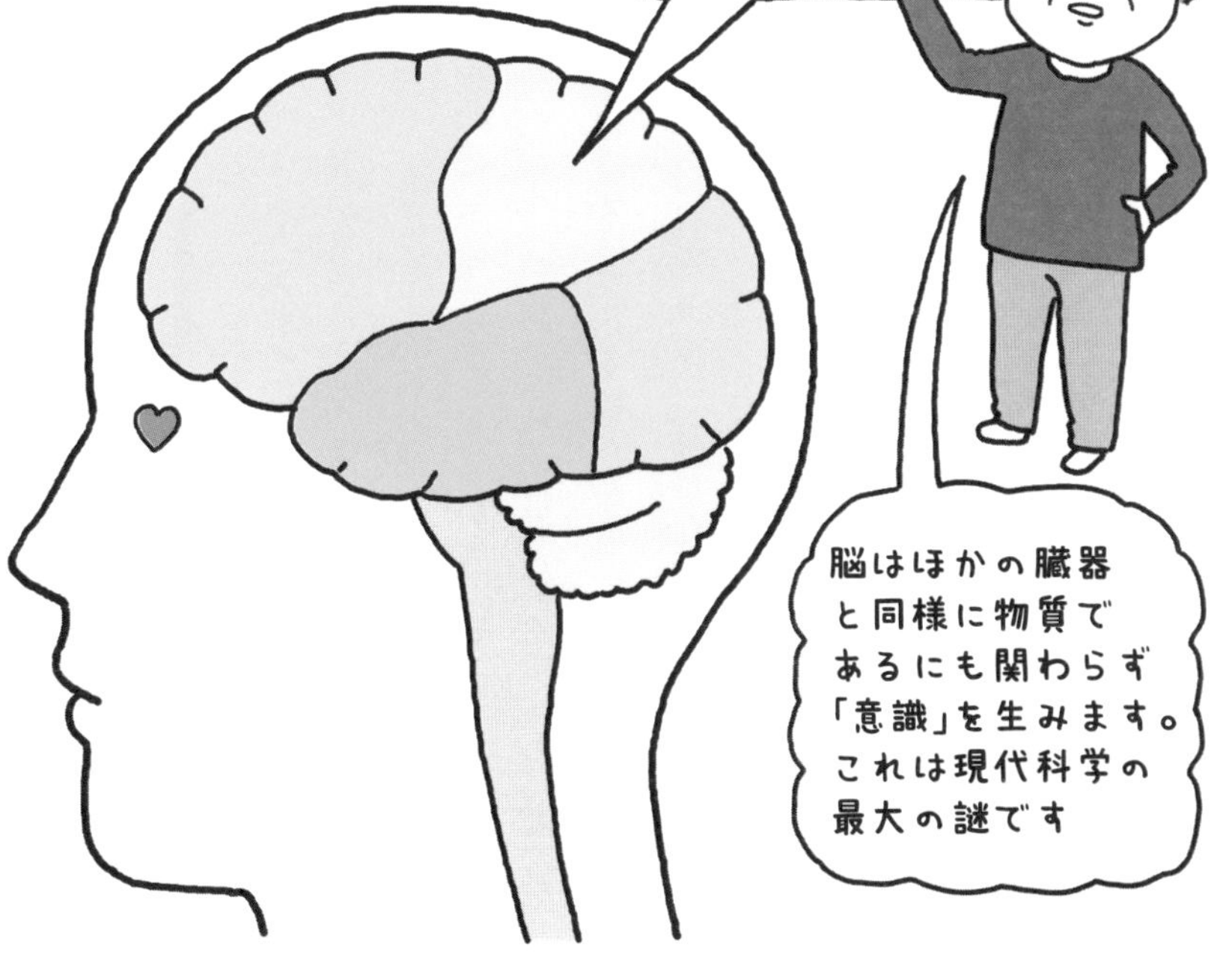
脳はほかの臓器
と同様に物質で
あるにも関わらず
「意識」を生みます。
これは現代科学の
最大の謎です

2 頭がいい人って、どういう人をいうの？

他人と心を通して うまくやっていく人

人間は、ほかの動物よりもさまざまに劣っているところがありながら、これだけの文明を発達させてきました。この事実を見ると、少しは「頭がいい」と思ってもいいかもしれません。

人間の「頭のよさ」はどんなことに由来するのでしょうか。

現代の脳科学では、**頭のよさ＝他人とうまくやっていけること、だと考えています。**他人と心を通じ合わせ、協力して社会をつくりあげることが、人間の頭のよさの本質だということです。頭のよさというのは、社会性と深く関わっているのです。

他人の心を読み取る能力を専門用語で「心の理論」といいます。コンピュータはいくら計算が速くできても、心の理論をもちません。他人の心を読み取り、初対面の人ともうまくコミュニケーションが取れる能力においては、人間はコンピュータよりもはるかに優れています。

また、サルなどの群れをつくる動物と比べても、人間の社会的知性が優れていることは疑う余地はありません。現在までの知見を総合すると、**厳密な意味で他人の心を読み取ることができるのは、すべての動物のなかで人間だけだとされています。**

相手の考えが容易に判断できない場合であっても、目には見えない相手の心を感じることができるのは人間だけです。「あうんの呼吸」といった言葉は、そんな微妙な人間同士の関係を言い表しているといっていいでしょう。

他者を受け入れ、共生していくことが「頭のよさ」につながっていきます。つまり、いっしょに仲良くいることで頭がよくなるということです。

脳は2つの方法で場の空気を読む

他人の心のシミュレーション学習

自分の心のプロセスを基にして、他人の心のプロセスをあたかも自分のプロセスとして実現する。

＋

他人の行動観察による学習

他人が何にどう反応するかのパターンを学習して、他人の目に見える行動を当てている。

＝

相手の気持ち（その場の空気）を読む

なんとなく言いだせない空気だったので……
前頭葉
先生！本当はパクチーが苦手なのでは？
無理して食べなくてもいいのに……
どうしてわかったんだろう……

すべての生物のなかで場の空気を読むことができるのは人間だけ。他人とのコミュニケーション力に優れている人が「頭のいい人」といえる。

3 いわゆる「地頭」をよくする方法はある？

集中することで前頭葉の集中回路を鍛える

イギリスのチャールズ・スピアマン（1863～1945年）という心理学者は、人間の多くの能力に共通しているg因子というものがあり、このg因子が高い人はさまざまな分野で学力が高いことを統計的手法によって示しました。つまり、g因子が高い＝地頭《じあたま》がいいといえるでしょう。

　そして、その後の脳科学の研究によって、g因子の高い人は前頭葉《ぜんとうよう》の集中力の回路がよく動くことがわかりました。

　では、集中力を鍛えるにはどうしたらいいのでしょうか。私は子どもたちには、「勉強するときにはいきなりトップスピードでやれ」といっています。慣れないうちは辛《つら》いかもしれませんが、**続けていくうちに、いきなりトップスピードで勉強できるようになっていきます。**こうすることで、前頭葉の集中力の回路が鍛えられていくのです。

　さらに、「ノイズがあるところで勉強（仕事）する」という方法もおすすめです。林修先生は「いつやるか？　今でしょ！」ですが、私の場合は「どこでやるか？　居間でしょ！」です。

　居間という、**雑音の多い場所で集中して何かをすることによって、前頭葉の記憶の回路の働きが強化されます。**実際に「東大合格者は居間で勉強していた人が多かった」という話をお聞きになった方も多いはずです。

　脳科学的に見れば、人間の前頭葉はどんな場所でも、瞬間的に集中できるように設計されていますから、集中すべきときはいつでも集中できるよう脳にクセづけするのです。このような訓練を続けることで、地頭も育つかもしれません。

あえて厳しい条件をつけることで集中力は高まる!

前頭葉の神経
回路がフル稼働！
ギャッハハハ
ワイ ワイ
Top speed!
居間
でしょ!

脳の回路も筋肉と同様に鍛えることで強化される。集中力を鍛えるには、あえて厳しい条件下で、最初からトップスピードで行なうことが大事だ。

4 子どもの能力は、どこまで計れる？

能力は脳の個性。1つのものさしでは計れない

　ペーパーテストのできが悪く、**勉強ができないといわれる子どもであっても、計り知れない能力をもっていることがあります。**

　たとえば、知的能力や一般的な理解能力などに特に異常がないにもかかわらず、文字の読み書きの学習に困難を抱えているディスレクシアという学習障害の人たちがいます。

　世界的に著名な人たちも、ディスレクシアの人は多くいます。ハリウッドで活躍するトム・クルーズやスティーブン・スピルバーグは公表していますし、実業家にも多くいます。

　私たち脳科学者は、ディスレクシアの子どもと、いわゆる普通の子どもの能力を同じペーパーテストで比べることは公平でも公正でもないと考えます。なぜなら、**それは人間の脳の個性だからです。そして、人間の個性や能力というものは、ひとつのものさしでは計れないのです。**

　2012年にアメリカで行なわれた講演会で、カーボンナノチューブを使ったすい臓がんの検査法を自分で考えたという15歳の少年のプレゼンに、私は驚かされました。彼は、ネットで論文を読みあさり、従来の方法よりもはるかに安く、効率のよい検査方法を見つけたというのです。

　一方で、私は小学校1年のときから、日本鱗翅《りんし》学会という蝶《ちょう》とか蛾《が》を研究する学会に入って、放課後は夢中で蝶を追いかけていました。

　このように、**何に興味をもつかは、子どもによって違います。**一見すると勉強が苦手に見える子どもでも、興味を感じる何かがあるものです。それに気づいて伸ばしてあげることが大事なのです。

良質の刺激が子どもの脳を育てる

第一次視覚野のシナプスの密度と年齢の関係

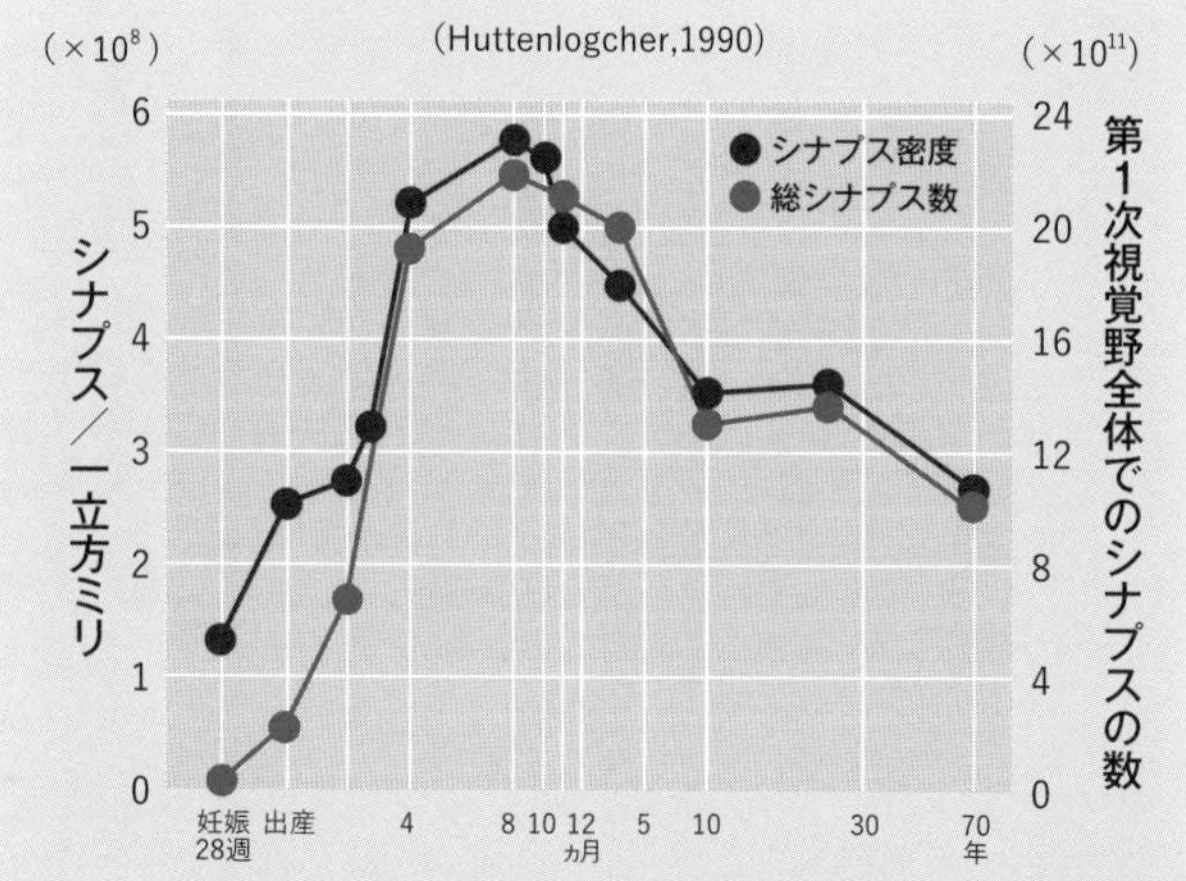
(Huttenlogcher,1990)
(×10^8)
(×10^{11})
シナプス／一立方ミリ
第1次視覚野全体でのシナプスの数
シナプス密度
総シナプス数
0
1
2
3
4
5
6
0
4
8
12
16
20
24
妊娠28週
出産
4
8
10
12
ヵ月
5
10
30
70
年

3～4歳の間に、脳は急速に発達。脳のシナプスは生後2カ月～4カ月で急激に増え、8カ月で最大となり、3歳ごろには大人とほぼ同数になる。

脳の約80%が完成されるといわれる4歳までに、さまざまな体験をして刺激を受け、脳の神経回路を増やすことが望ましい。

たくさんの生活体験が子どもの脳を育てる

人間の脳は3～4歳までに80%が、6歳ごろまでに85%が、10歳ごろまでに90%が完成するといわれている。このころまでにできるだけ多くの良質の刺激を与えるとバランスよく発達する。日常的な生活のなかで、さまざまな体験をし、自然に触れ、そしてよい本に多く触れさせることで、子どもの脳と感性は磨かれていく。

何かに興味を示したら、見守り、伸ばす手助けをしてね～

5 脳を喜ばせる遊びとは、どんなもの？

自分でルールを設計できる遊び

子どもの遊びを例に考えてみましょう。

子どもの脳の発達に、遊びがどう関わっているかのメカニズムがすべてわかっているわけではありませんが、いくつかいえることがあります。

いま、子どもの遊びというと真っ先にコンピュータゲームが思い浮かびます。しかし、この遊びでは、子どもたちは遊びの「生産者」になることはできません。

本来、子どもというのは、紙と鉛筆といったごく簡単な道具さえあれば、無限といってよいほどの遊びを工夫することができるはずです。

遊びで肝心なことは、結果がある程度は予想できるが、ランダムの要素も入る豊かな「偶有性《ぐうゆうせい》＊」が含まれていることです。このような、**偶有性に満ちた遊びは、もっとも高度な脳の働かせかたを促すことになり、教育上の効果は計り知れません。**

遊びを工夫するということは、偶有性を設計するということでもあります。そして、昔の子どもたちが楽しんでいたメンコやおはじきでは、ルールを自分たちで決めるということ自体が、遊ぶという行為の大切な一部でした。

コンピュータゲームには、「偶有性を設計する」という要素が明らかに欠けています。私は、昔の子どもたちがやっていたような、ごくわずかな道具からさまざまな遊びを工夫する、あの時間をいまの子どもたちにもたせたいものだと思います。

これは大人も同様で、ルールを押しつけられてばかりで、**自分たちの創意工夫が生かせないのでは、人間的な成長もあまりできないのではないでしょうか。**

＊　偶有性……存在することも、しないこともありうる、ものの在り方。

脳が喜ぶおすすめの遊び「P&P」

Paper & Pencil
ルールを変えて難易度を調節するのも遊びのひとつ

昔の子どもたちが好んだ、紙と鉛筆があればできる遊びには、偶有性はもちろん、頭を使う楽しみも含まれている。ただし、難しすぎても、優しすぎても脳は喜ばない。全力で頑張ってクリアするレベルが必要だ。

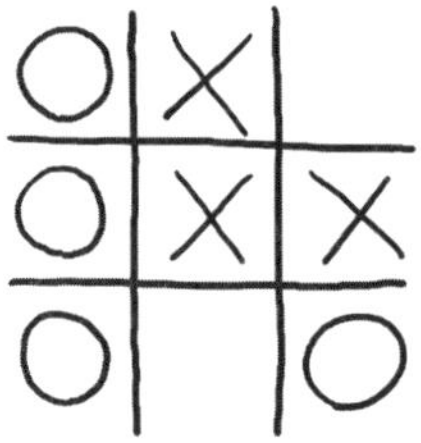

三目並べ（○×ゲーム） 2人用

紙に井の形を描く。じゃんけんで順番を決め、勝った人が好きなマスに○を描き、次に負けた人が好きなマスに×を描き込む。先にタテ、ヨコ、斜めに自分のマークを並べたほうの勝ち。線の数を増やすと難易度も上がる。

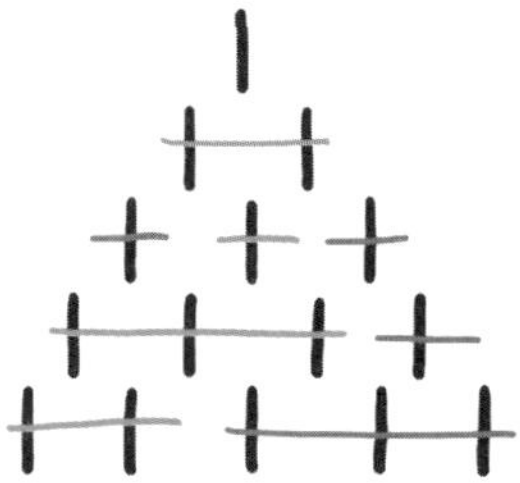

棒消し 2人用

紙に5本のタテ棒を描き、その上の段に4本、その上に3本、その上に2本、その上に1本のタテ棒を互い違いになるように描く。じゃんけんで勝った人からヨコ線でタテ棒を好きな数だけ消す。どこの段からスタートしてもOK。ただし、すでに消された棒は消せない。斜めやタテに消すのも×。最後に残った棒を消した人が負け。

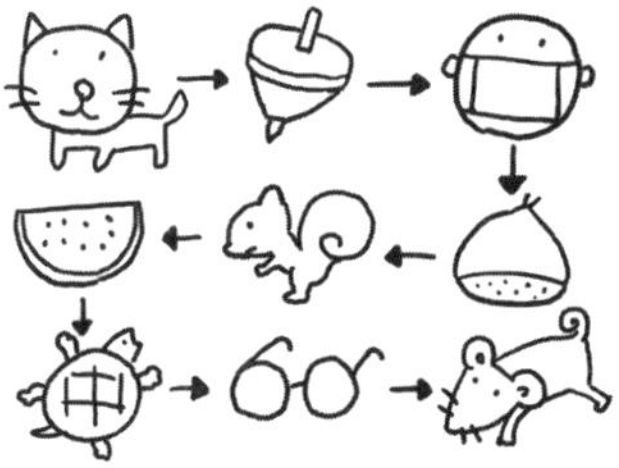

絵しりとり 2人以上

じゃんけんで順番を決め、勝った人から、紙に絵を描いてしりとりをする。描いた絵が何であるかを言うのは×。前の人が描いた絵が何なのかを考えて描いていく。絵が下手でも、どう描けば相手に伝わるか考えることが大切。終わったら、順に描いた絵が何であるかを言っていく。

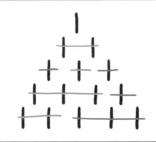

6 脳のストレスを解消する方法はある？

ぼーっとする時間が脳のストレス解消法

ストレスが過度に蓄積すると、健康を害するようになります。それは、脳にとっても同じです。つねにイライラしたり、物事に集中できなくないといった症状に気づいたら、自分自身がストレス過多の状態になっていることを客観的に確認してください。

　これが、**自分自身をあたかも外側から見ているように認識する「メタ認知」**です。これには脳の前頭前野《ぜんとうぜんや》が深く関わっていると考えられていて、メタ認知で自分の状態を客観的に観察できれば、心のアラームを受け取ることができるのです。

　メタ認知をしたら、次はストレス解消です。

　その際、近年注目を集めている「デフォルト・モード・ネットワーク（ＤＭＮ）」が有効です。

　これまでの脳研究においては、主として「何かをしているとき」の脳の働きを対象にしてきました。これに対して、「何もしていないとき」の脳を対象に研究を行ない、そのときに活性化する神経回路網として解明されたのがＤＭＮです。

　近年の研究によって、**ＤＭＮには脳のさまざまな領域を調整し、情報や感情など整理整頓する働きがあることがわかってきました。**

　いってみれば脳のお掃除係のような存在で、これがストレス解消にも効果を発揮していると考えられています。

　ＤＭＮを活性化するためには、意識的にぼーっとした状態をつくる必要があります。

　そのための効果的な方法が散歩で、禅の修行のなかにも頭を空っぽにして歩く、「歩行禅《ほこうぜん》」（38ページ参照）というものがあります。

DMN【デフォルト・モード・ネットワーク】を活用して脳内整理

DMNは、何も考えずにぼーっとしているときに働く。実は、この状態のときの脳は、何らかの課題に取り組んでいるときの20倍も活発に動いているといわれている。このときに、記憶の断片をつなぎ合わせるなどの脳内整理をしていると考えられる。しかし、DMNの状態で、無意識的（マインド・ワンダリング）に過去の嫌な出来事を思い出して後悔したりすると、ネガティブな神経回路が強化されることになってしまい、ストレスになる。DMNをプラスに活用するには、意識的（マインドフルネス）に自分の心を見つめることが大事になってくる。

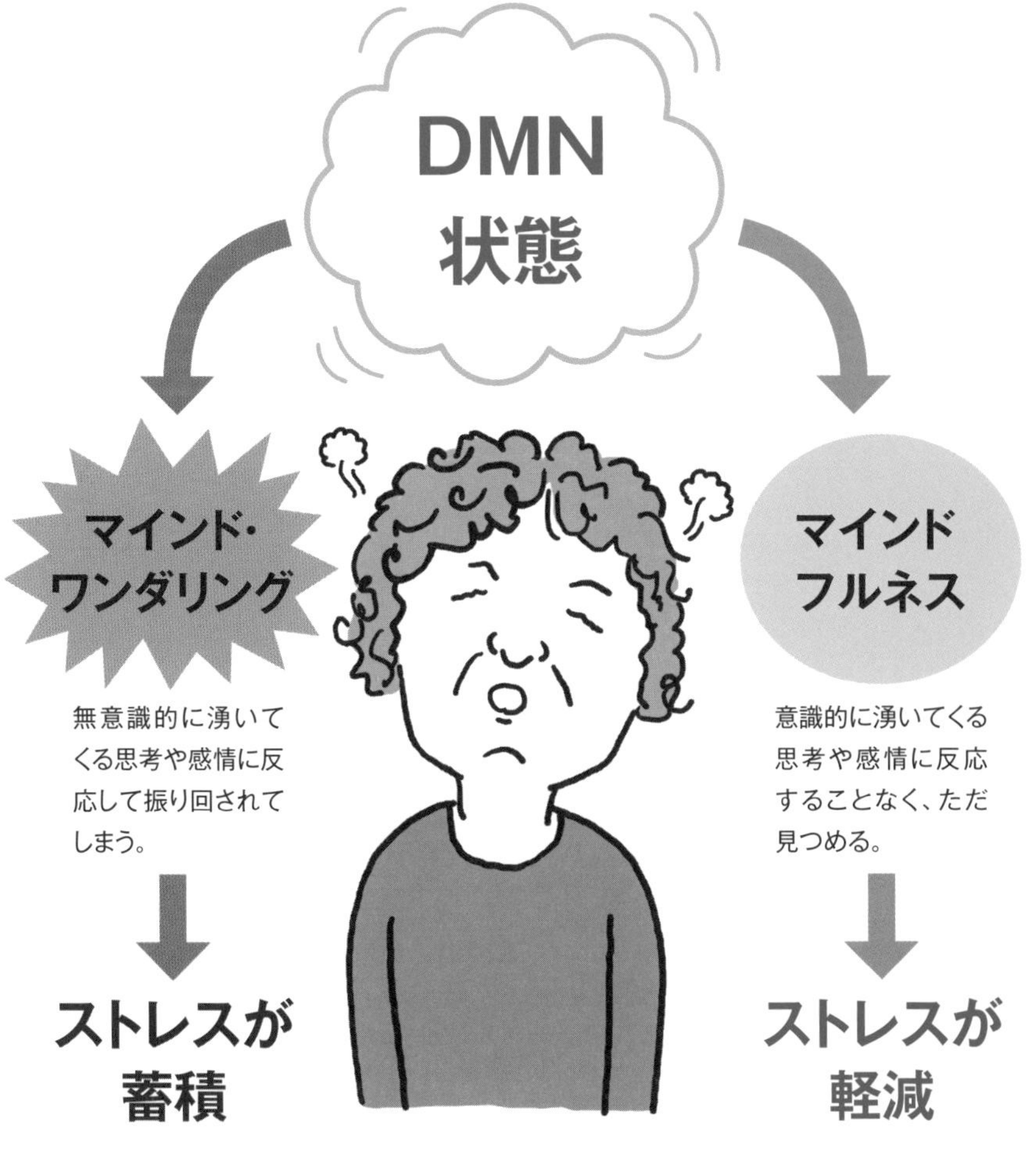
DMN
状態
マインド・
ワンダリング
無意識的に湧いてくる思考や感情に反応して振り回されてしまう。
ストレスが
蓄積
マインド
フルネス
意識的に湧いてくる思考や感情に反応することなく、ただ見つめる。
ストレスが
軽減

7 脳が活性化するゴールデンタイムは？

朝の脳はバキバキに元気！

脳は、眠っている間、前日に経験した記憶を整理することがわかっています。特にこの働きが活発なのが、レム睡眠のときです。眠っているにもかかわらず、脳波が覚醒時のような型を示すのが特徴で、夢をよく見るのもこのときです。

一方、ぐっすり眠っている状態がノンレム睡眠で、人間の睡眠はレム睡眠とノンレム睡眠を交互にくり返します（122ページ参照）。

朝起きた直後は、脳内の記憶の編集、整理がされていますから、脳が非常にすっきりとした状態になっているわけです。そこで、**朝が新しい情報を入れるのに最適で、脳がひらめいて新しい発想も生まれる時間帯といえるでしょう。**

私が朝、取り入れているルーティンをいくつかご紹介しましょう。

まず、朝の目覚めを促すために、ご褒美《ほうび》を用意します。私の場合はコーヒーとチョコレートです。大好きなものを口にすると、脳のなかではドーパミンが分泌されます。これが、やる気や集中力、生産性を上げてくれるというわけです。

ご褒美は、自分がうれしいことなら何でもOK。大好きな人とコミュニケーションをとるといった社会的な報酬も、脳を活性化させてくれます。

脳を活動的にするために、太陽の光を浴びるのも効果的です。脳には、太陽の光を浴びると、目覚めのスイッチをONにする回路があるからです。私は、天気がよい朝は、散歩を兼ねて外に出るようにしています。

「朝活」が話題になりましたが、脳科学の見地からいっても理にかなっているといってでしょう。

脳のゴールデンタイム　茂木式朝時間の使いかた

朝は脳が1日のうちで一番ハツラツとしているとき。だからこそ、起きてすぐに活動を始めよう。朝が苦手という人も、はじめは辛くてもそれを習慣化すると、考えるより先に体が動くようになり、脳の働きが強化されていく。「考えるより動く」は直感力、創造性の土台にもなる。

茂木式朝時間活用法

夜　好きな海外のコメディ番組を見てリラックスしてから就寝。

睡眠

1.5時間ごとにノンレム睡眠とレム睡眠に切り替わる睡眠サイクルを活用。眠りが浅いレム睡眠で目覚めるようにすると目覚めがスッキリ。記憶の整理も行なわれているので朝の脳もスッキリ。

朝　目覚めた瞬間からトップスピード。枕元にはスマートフォンとマックブックを置いておき、起きてすぐにツイッターのトレンドワードをチェック。また近所のコンビニまで歩いて行って目を覚ます。太陽の光を浴びることで脳を目覚めさせる効果がある。

太陽の光を浴びる

ご褒美を用意しておく

茂木先生が朝の３時間でやること

- ツイッターのトレンドワードチェック ＋ ご褒美
- コンビニまで散歩
- 連続ツイートの執筆
- メールチェック
- 朝食＋新聞チェック
- ジョギング（約10km）
- シャワー
- 本格的な仕事に突入

8

退屈な生活をすると、脳の働きは悪くなる？

脳は自ら刺激になることを生みだす

私事で恐縮ですが、学会などで人の話を聞いたりしているとき、ついつい退屈して、手元で何かをはじめてしまうクセがあります。

もちろん、実際に話がつまらないこともありますが、よほど面白い話でないと、脳は退屈してしまうのです。

猛烈に興味を惹《ひ》かれる刺激が入ってくるか、あるいは作業をしていて手元が忙しいというような状況でもなければ、自分の脳を満足させることができないようです。

こんな私ですが、私の脳が特に変わっているとは思っていません。**もともと人間の脳は退屈しやすいものだからです。**自分はそんなことはないといわれるかもしれませんが、たいていの場合は、脳が無意識のうちに処理してしまっているので、自分では気づかないだけのことです。

退屈というのは、脳のなかに空白ができてしまって、それを何かで埋めたいという強い欲求が生じることです。脳のなかの神経細胞は、外部から刺激が入らない場合でも自発的に活動していて、外からの刺激が乏しいと、その空白を埋めようと、自ら何かを生み出そうとします。

その結果、自分でも思いもよらないことを感じたり、考えたりします。それがひらめきとなって、歴史に残るような発明・発見につながることもあります。退屈という、一見否定的な状態にも効用があるということです。

また、不安といったマイナスの感情も、それが脳のバランスを崩すものでなければ、きっと何かの役割を果たしているはずです。

退屈は脳をひらめかせる

脳は退屈したら自分で遊びを見つけられるのだ。脳にとっての遊びとは脳内の整理と記憶の断片をつなぎ合わせて新しい何かを生み出すこと。退屈なときには、「こんなモノがあったらいいんじゃないか」、「アレは何だったんだろう」などと、ぼんやりと考えてみるといい。もしかしたら、思いがけないひらめきが下りてくるかもしれない。

9 ひと目ぼれは、どうして起こるの？

感情が理論の先回りをするから

出会った瞬間、ビビッときて好きになってしまうのがひと目ぼれです。このひと目ぼれ。本人の意思とは関係なく起こってしまうことから、そこに脳の存在を感じずにはいられません。

この問題に関しては、これまでさまざまな実験が行なわれていますが、まだはっきりとした結論は出ていません。ただ、関連する研究があります。

それによれば、**人間は最初の約2秒で、対象について判断を下しているようだ、というのです。**

ある大学の授業を1学期間受けた学生と、その授業の動画を2秒間見た学生に、その授業の面白さを評価させるという実験を行なった結果、両者の評価はほぼ一致しました。

つまり人間は、非常に短い時間のうちに、さまざまな情報を受け止める能力をもっているようです。ひと目ぼれも、相手の外見、雰囲気といった情報を一瞬で受け止め、判断した結果でしょう。

これはまだ仮説の段階ですが、脳の構造とも一致します。

一般的に人間の脳では、論理を司る回路より、感情を司る回路のほうが情報処理の速度が速いといわれています。そのため、感情（扁桃体《へんとうたい》を中心とする回路）の情報が、論理（大脳新《だいのうしん》皮質《ひしつ》を中心とする回路）を先回りしてしまうことがあるのです。

ひと目ぼれは、相手の情報がインプットされ、大脳新皮質が論理的に詳しく解析するよりも前に、感情の回路が「この人大好き！」という結論を出してしまった状態です。

人を好きになることは、直感によるところが大きいといえるでしょう。

ひと目ぼれのメカニズム

ひと目ぼれに深く関わっているのが、扁桃体という情動反応の処理と記憶を司る部位。これを中心とした感情システムの神経回路がビビビっと判断する。一方、大脳新皮質は、好きになった理由を後付けして、正当性をもたせる。

アメリカのある調査では、ひと目ぼれから結婚したカップルは55％に上り、そのうち離婚したのは男性が約20％、女性は10％以下という。アメリカ人の離婚率は約50％なのでかなり低い。

10

ギャンブルにハマるのは、どうして?

ドーパミンが幸福感を高めるのが原因

絶対に勝てるギャンブルはありませんが、そこに不確実性が内在していることで、人を惹《ひ》きつけるのです。**人間の脳は不確実なもの惹かれる傾向があるのです。**

だからこそ、当たったときには舞い上がるような喜びを感じます。脳のなかでは、当たった瞬間、報酬系の物質であるドーパミンが分泌されます。別名「快感物質」ともいわれるように、ドーパミンは幸福感や意欲を高めるホルモンです。

これが何度かくり返されるうちに、ドーパミンを分泌する前頭葉《ぜんとうよう》を中心とする神経回路網が強化されていきます。こうして、**脳自体が高揚感を求め、あの喜びをまた味わいたいと欲するようになり、いわゆるハマった状態に陥っていきます。**

しかし、ギャンブルで幸福を感じるのはほんの一瞬。たとえ儲かったとしても、賭け続ければ最終的には必ずマイナスになります。ルール自体、胴元が儲かるようにつくられているからです。

人生も、ある種のギャンブル的要素があります。入試、就職、恋愛、結婚、仕事など、どれも成功するかどうか最後までわかりません。ただし、人生とギャンブルはルールが違います。**ギャンブルは必ずマイナスになりますが、人生は一生懸命努力することで、プラスになる確率を高めることができます。**

人間は不確実性に惹かれるものですが、それで喜びを得たいのであれば、ギャンブルにハマるよりも勉強や恋愛、仕事といったことにエネルギーを注いだほうが、ずっと意義のあることだと思うのですが。

「ハマる」から「依存症」へのメカニズム

ハマるが依存症にまで進行すると戻ることはなかなか困難になってしまう。くり返される刺激によって脳の神経回路はどんどん強化され、自らの意志ではコントロールできない、「やめたくてもやめられない」状態に陥るのだ。そのメカニズムを解説しよう。

依存の種類

●物質への依存

アルコールや薬物といった精神に依存する物質を原因とする依存症。

●プロセスへの依存

ギャンブルなど特定の行為や過程に必要以上に熱中し、のめり込んでしまう状態。

依存する脳のメカニズム

❶アルコールや薬物、またはギャンブルなどの刺激

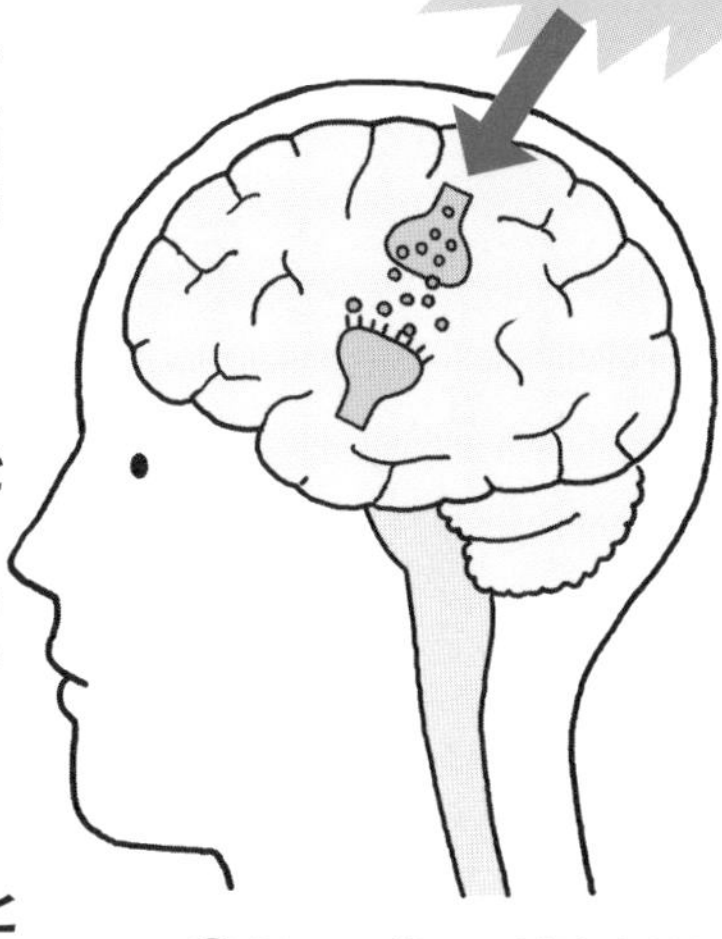

❷ドーパミンが分泌

依存対象の刺激を受けるとドーパミンが分泌される。これによって中枢神経が興奮し、脳が快感を覚える。

❸ご褒美回路ができあがる

ドーパミンを求めるご褒美回路が脳内にできあがる。

❹ドーパミンが強制的に分泌

ご褒美回路により、依存対象を体内に取り込む行動が習慣化。その結果ドーパミンが強制的に分泌されるように。

❺中枢神経がマヒ

次第に喜びを感じる中枢神経の機能が低下していく。

❻さらなる刺激を求めるように

以前のような感覚を得ようと、ますます依存対象を求めるようになる。

❼依存症へ

依存対象をいくら取り込んでも満足感が得られず、焦燥感や不安、物足りなさばかりが増し、後戻りできない状態に。

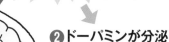

11

トラウマを乗り越えるには、どうしたらいい？

脳内にポジティブな思考回路をつくる

人は、死の危険を感じるほどの恐怖に直面すると、情動《じょうどう》（急激な感情の動き）と記憶の調節を担う扁桃体の記憶が強化されることがあります。これが、トラウマの大本です。

トラウマとは、外部から受けた大きなショックや恐怖が原因で生じる心の傷のことで、これも脳の働きによるものです。

前触れもなくトラウマを鮮明に思い出す現象をフラッシュバックと呼び、これによって激しい苦痛を感じてしまうのが心的外傷ストレス障害（PTSD）です。

克服しようと「忘れよう」「思い出すまい」と、トラウマを抑圧すると、逆に作用し、トラウマがより強固になってしまう場合が少なくありません。

トラウマを乗り越えるためには、できるだけポジティブな回路を脳のなかにつくっていくことが、効果を発揮します。たとえば、何かを考えるとき、トラウマと結びついてしまうネガティブな回路を回避できるポジティブなルートを確保して、なるべくそちらを通るように心がけましょう。

いったんトラウマとして脳のなかにできあがった回路は簡単には消えませんが、ポジティブな回路をつくることで、これを思考のバイパスとして使うようにするわけです。

ある程度トラウマと向き合えるようになったら、自分にとってその体験がなぜトラウマになっているのか、その体験で何を感じたのか、自分の人生でそれはどういう意味をもつのか、といったことを振り返ることで、トラウマを乗り越えようとする治療法もあります。

マイナス思考のクセを断ち切るポジティブ回路の作りかた

誰でも、トラウマとまではいかなくても、思い出すたびにブルーな気持ちになる記憶はあるものだ。何かの拍子によみがえってブルーな気持ちになり、そのままズルズルとネガティブなことばかり考えてしまうようになることがある。そうならないために、無理なく、思考のクセをネガティブからポジティブに切り替える方法を解説しよう。

❶すぐに気持ちを切り替える

嫌な記憶がよみがえったときは、いま目の前にある作業に集中する。それもできるだけ早く。作業に集中することでマイナス思考をいったん中断できる。

❷自分の呼吸を意識する

姿勢を整えて体の力を抜き、鼻からゆっくり息を吐き、吐くときの半分程度の時間をかけて鼻から息を吸う。リラックスできたと感じるまでくり返す。

❸好きなモノやコトについて考える

好きな人、好物、趣味など、理屈なしに単純に幸せな気持ちになれる存在をいくつかキープしておき、ブルーな気持ちになったときはそちらにスイッチを切り替える。

❹体を動かす

前頭前野は運動によって鍛えられ、集中力や判断力を高めることができる。さらに、運動を習慣化すると、ストレス解消にもつながる。ジョギングはマインドフルネスな状態になりやすい。

12 マインドフルネスはなぜ、脳にもいいの？

「今、ここ」に注意を向けDMNを生み出すから

人間は、1日6万回思考しているといわれ、ほとんどが自分の意思とは無関係に自動的に思考や感情がわいてきます。これを放っておくと、思考や感情が自動操縦状態に陥ってしまい、未来に対して不安を感じたり、過去の出来事を思い出して後悔したりする時間が増えてきます。

この悪循環を断ち切るために有効なのがマインドフルネスです。これは、「今、ここ」で起こっていることにだけを見つめ、今の感情、思考を判断せずに冷静に観察している心の状態をいいます。

日本語では「気づき」などと訳され、近年では脳科学や心理学、認知科学の分野からのアプローチが進んでいます。また、アメリカの先端のIT企業では、マインドフルな状態を維持するために、マインドフルネス瞑想を社内研修に取り入れており、認知度は急速に高まっています。

マインドフルネスになると脳のなかではどんなことが起こっているのでしょうか。

ここで出てくるのが、前にもお話ししたデフォルト・モード・ネットワーク（DMN）です。**瞑想や歩行禅などを行なっているときは、何かを考えているわけではないので、脳がアイドリング状態になり、DMNが活動しやすい状態になるのです。**

これで脳のメンテナンスが行なわれ、気づきを得られたり、ストレスが解消されたり、創造性が高まったりします。

自分自身を受け入れ、「今、ここ」を受け入れるとともに、成功や目標の過程を味わい楽しむこと。これが、マインドフルネスだといってもいいでしょう。

「マインドフルネス瞑想」のすすめ

脳のメンテナンスをして、ストレスが解消され、ひらめきが生まれることもあるマインドフルネス。その状態にするのが「マインドフルネス瞑想」だ。習慣づけるとポジティブ回路の強化もできる。ここでは茂木式マインドフルネス瞑想をご紹介しよう。

マインドフルネスの2大定義

❶判断しない

自分がいまどんな状態にあっても、評価や判断は一切せずに、ただ観察する。

❷「いまこの瞬間」に意識を向ける

浮かんでくる思考や感情に反応し、過去や未来のことを考えるのではなく、「いま、この瞬間」に集中する。

マインドフルネス瞑想 実践法①

●不安が消える「気づきの呼吸法」

5～10分 × 1日2回

1 もっとも目が冴えている時間帯に、床、あるいは、いすにまっすぐ座り、体の力を抜く。

2 呼吸に集中し、腹式呼吸をする。このとき、呼吸することで体がどのように動くかに意識を向ける。

3 全身の動きを意識するとともに、鼻先に意識を集中する。

4 集中が途切れて、さまざまな思考や感覚に意識を奪われたら、もう一度呼吸に集中するように切り替える。

5 呼吸法のコツがつかめたら、呼吸への意識の集中をやめ、いま自分の心に浮かんでいる内容に注意を向ける。ただし、何らかの判断や批評はせず、ただ観察する。

思考、感情、感覚を観察するトレーニングです。

仕事についての不安な感情が浮かんだときは、「ああ、仕事のことを考えているんだな」、「足がしびれた!」と感じたら、「足からの信号が脳に届いたようだ」といったように、思考や感情を、第三者のような目で見る。

マインドフルネス瞑想 実践法②

●心を磨く「全身スキャン」 5〜10分 × 1日2回

1 あお向けで横になり、体の力を抜き、リラックスする。

2 つま先、足首、ふくらはぎ、ひざ下……というように、体のある部位から次の部位へ、体全体に注意を移動させていく。この際「足首を昔傷めたな」といった感想はもたず、ただ感じるように意識する。

3 思考や感覚が次々とわきあがり、連想がはじまったら、P37の「気づきの呼吸法」を実践し、心を落ち着ける。

1日2回ほどで、数週間後には自分の思考、感情、感覚が変化し、ネガティブ思考がなくなっていく。

慣れてきたら…

マインドフルネス瞑想 実践法③

●歩行禅

1 「気づきの呼吸法」を意識してゆったりとした気持ちで、自分が心地よいペースで歩く。

2 自分がよく知っている場所を歩く。慣れるまでは公園など同じ場所を何周も回ってもよい。

頭のなかを空っぽにすることが目的。音楽も聞かず、1人で静かに歩く。あえて耳栓をしたりして、外からの情報を無理に遮断する必要はない。
最低でも1回10分以上は歩き、無の境地になるまで歩く。仕事中の移動を歩行禅に当ててもOK。

第2章

脳は成長する

脳力を最大限に発揮させる方法

13 脳力を最大限に高める方法とは？

新しいことに挑戦することで脳は活性化する！

どんな小さなことでもいいですから、何かに挑戦すると脳内の神経伝達物質であるドーパミンが分泌されます。

ドーパミンは運動調節やホルモン調節のほか、快の感情、意欲、学習などに関わっていて、ドーパミンの分泌によって脳の回路が強化される「強化学習」という現象が起こります。

そして、**強化学習はドーパミンが分泌される直前に行なわれていた行動を強化する働きもするのです。**

たとえば、「自分は勉強ができない」と思っている子どもが、苦手な勉強に挑戦して、テストの点数がグンと上がったりすると、大きな喜び感じ、勉強への意欲が一気に高まります。これもドーパミンの働きによるものです。

強化学習にとって重要なキーワードの1つに、「ゲーミフィケーション」があります。これは、勉強にゲームの要素を取り入れるという意味ですが、たとえば、これだけの英単語を10分間で全部覚えてやろうといったタイムプレッシャーも、ゲーミフィケーションのテクニックの1つです。

タイムプレッシャーは、全力で取り組んでできるかできないかという、ギリギリの時間設定にすることがポイント。**ギリギリの時間設定でできたときの達成感は次の挑戦への意欲をかきたてます。**

このようなテクニックは子どもの学習の場面で使われることが多いのですが、大人だって何かに挑戦すればドーパミンが分泌されますし、**ゲーミフィケーションというテクニックを使って自分の脳を自分で伸ばしていくことが可能なのです。**

脳の遊び心をくすぐるゲーミフィケーション

「ゲーミフィケーション」を日々の仕事や学習に活用すれば、脳の活性化をはかることも可能だ。苦痛と感じがちなことも、遊び心をもってとり組むと、脳の報酬系が刺激されて行動力、集中力が高まる。脳を活性化させるゲーミフィケーションのやりかたを解説しよう。

ゲーミフィケーションのポイント

❶目標を明確にする

たとえば、「英単語10個を30分間で覚える」「企画書を2本書いたら休憩する」など、達成する目標を具体的に決める。目標は、一生懸命頑張ってギリギリ達成できるラインにする。

❷テーマを設定する

目標を決めたら、達成後に満足感を得られるテーマを設定。「英単語10個を30分間で覚えたら、SNSを10分間見る」など、達成後に楽しみが待っていることで前頭葉の回路が刺激される。

ゲーム設定の例

タイムプレッシャー

何々を何分間で終わらせる、というように時間制限を設定すると集中力が高まる。「今日中に企画書を2本書く」といった曖昧な制限では達成感が低い。

テーマ設定の例

ご褒美

ご褒美には大好きなことやものを設定すると、精神的な安らぎにもなる。食べ物でもいいし、入浴や好きな人に電話をするなどの行為でもいい。

14

脳もほめると成長するというのは、本当？

「すぐに」「具体的に」ほめると脳は喜ぶ

よく、「私、ほめられると成長するタイプなんです」という人を見かけます。ほめられれば、誰しもうれしくなるものですが、脳科学の見地で、本当にほめられると成長するのでしょうか。

答えは、YESです。

ほめられると脳では報酬系のドーパミンの活動が何倍かになることがわかっています。つまり、脳が喜んでいるということです。

そのとき大事になってくるのはタイミングです。**ドーパミンによる報酬系の活動の特徴というのは、原因となった行為と近い時間にやらないと意味がなくなってしまうということです。**ですから、**その場で即座にほめることが大事なのです。**

そして、もう1つ大事なことが特定性です。

「おまえすごいな」といったほめかたは特定性がありません。そうではなく、**その人がどう進歩しているかを具体的に特定してほめると効果があります。**たとえば「先月と比べるとこれだけ伸びたじゃないか、すごいぞ」といったほめかたです。

あるオリンピック選手から、「どんなトップアスリートでも、コーチがついているほうが伸びることがわかった」という話を聞きました。

そのときのコーチングのポイントは、本人から見えないような課題や素晴らしさを、具体的にフィードバックしてあげることだそうです。

これは、日常のどんな場面でも応用ができるのではないでしょうか。

そして、ほめてあげれば脳も喜んで成長していきます。コーチングの役割というのは、非常に高度なものだと思います。

ほめると脳が喜ぶメカニズム

ほめられると脳内にドーパミンとセロトニンという神経伝達物質が分泌される。ドーパミンはやる気を生じさせ、セロトニンは安心感や安らぎを生じさせる。さらに、ほめた側もほめられて喜んでいる人を見て、自分の成果であると感じ、やはりドーパミンが分泌されるのだ。

ほめかたのポイント

❶すぐに

P40でも解説した「強化学習」を踏まえ、ほめるに値する行動があったらすぐにほめる。強化学習のサイクルはほめられることで自然と回っていく。

❷具体的に

ほめるときは、「あの企画のこの部分がよかった」「あの問題が解けたことがすごい」と、より具体的に伝えることが肝心。

●ほめることの効果

ほめられた側

- ドーパミンが分泌されやる気が出る
- セロトニンが分泌され精神的に安定する
- ほめられた行動の回路が強化され、その行動を取りやすくなる
- ほめてくれた人への信頼感を覚える

↓

やる気が出てパフォーマンスの向上

ほめた側

- 相手が喜んでいる様子が自分の成果であると感じ、ドーパミンが分泌
- 自分がほめているのに、脳はほめられていると錯覚しドーパミンを分泌

↓

脳が活性化される

15 ど忘れは脳の老化現象？

ど忘れは若々しさと創造力を保つチャンス

知っているのに思い出せないのが「ど忘れ」です。「確かに知っている」という感覚はあるのに、思い出せないわけですから、もどかしい思いをしますし、頭に靄《もや》がかかったような気分になります。「確かに知っている」という感覚を「既《き》知《ち》感」と呼びます。最初から知らないと確信をもてる場合は、思い出しようがないので、何も感じません。ところが、既知感があって思い出すことができないと、モヤモヤして、自分の記憶力に対する信頼すら揺らいでしまいかねません。

記憶がよみがえるときには側頭葉《そくとうよう》が関与していることがわかっています。前項で話したように、記憶が蓄えられている側頭葉に向かって、前頭葉《ぜんとうよう》から「こういうものが欲しいんだけど」といった信号がいきます。

既知感は記憶の読み出しの最初のステップです。既知感から読み出しへのバトンタッチがうまくいかないときに、ど忘れが生じるのです。

ど忘れをすると確かにイライラします。でも、**思い出そうとしているとき、脳が活性化している感覚があることも事実です。**一生懸命思い出そうとするなかで、脳がさまざまな手段を総動員していると感じます。

実は、一生懸命思い出そうとすることは、創造のプロセスに似ています。**ど忘れを思い出したときや新しいものを生み出したときは、同じように「やった！」という高揚感があります。**

ど忘れを老化現象と決めつけて思い出すことを諦めずに、なんとか思い出そうと頑張れば、いつまでも若々しい創造力を保てるかもしれません。

ど忘れが創造力を育てるきっかけに

ど忘れすると、人に聞いたり、スマホなどで調べたくなるが、実はなんとか自力で思い出すことが、脳の創造力を鍛えるチャンスだ。実は脳が思い出そうとしているときに使う回路は、脳が新しいものを創造するときに使う回路と同じなのだ。思い出そうとしているときの脳はフル回転していて、思い出したときはドーパミンが分泌され、思い出す回路が強化される。

ど忘れを思い出すと、こんな効果が…

ど忘れ中

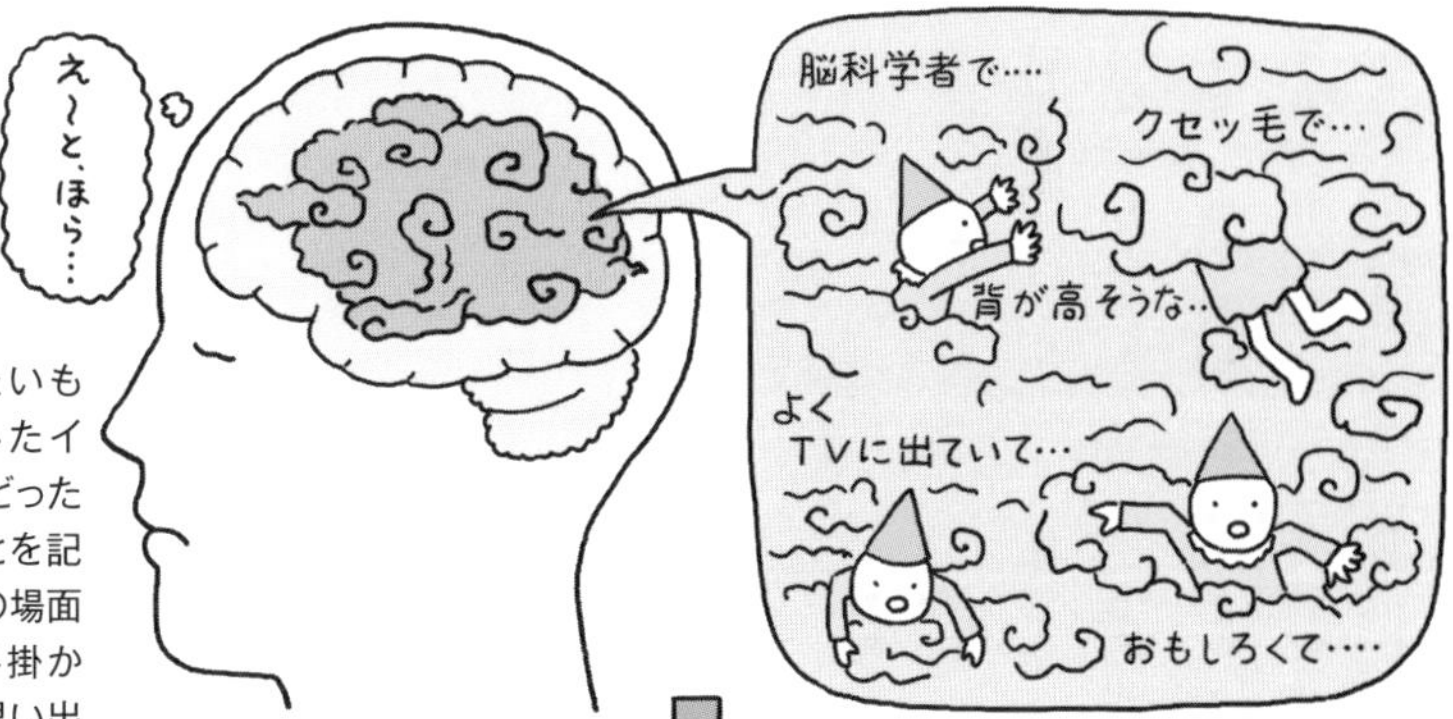
え～と、ほら…
脳科学者で…
クセッ毛で…
背が高そうな…
よく
TVに出ていて…
おもしろくて…

思い出したいものに関連したイメージをたどったり、そのことを記憶したときの場面や場所を手掛かりにすると思い出しやすい。

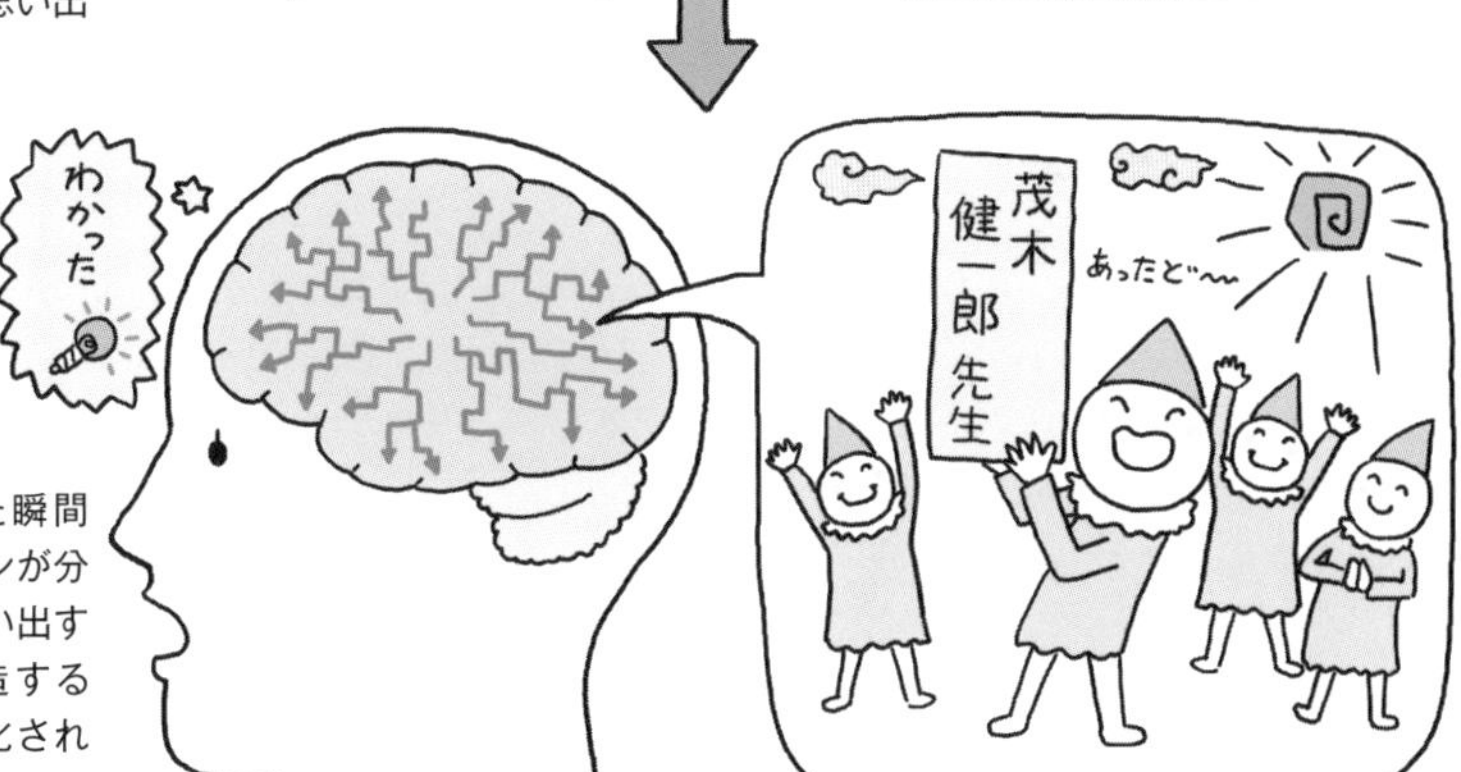
わかった
茂木健一郎先生
あったど～

思い出した瞬間にドーパミンが分泌され、思い出す回路＝創造する回路が強化される。

ど忘れは創造力を高めるチャンス！

16 失った自信は取り戻せる？

まず自信をもつ。根拠は後付けの努力で証明

赤ん坊を観察していると、自信に満ちているように見えます。ハイハイするときに、「ぼく、できるかな？」などとは思いませんし、伝い歩きをするときに、「今日は調子が悪いから明日にしよう」などとためらう様子も見せず、果敢にチャレンジしています。

ところが、大人になるにつれて、人は根拠なく自信を失い、何かをしないことの言い訳ばかりがうまくなります。

「そんなことというけど、それは理想論で、現実にはなかなか難しいね」といった具合に。

もし目の前に自信をなくした人がいたとしたら、「根拠のない自信をもて。そして、それを裏づける努力をせよ」と、私はいってあげたい。

夢ばかりを語って、それを実現するための努力をしない人は、結局、ほんとうはその夢を信じていないことになります。もし、「この夢は絶対にかなうんだ」という根拠のない自信をもてば、猛然と努力をするはずだからです。

そして、根拠のない自信をもつ人は、他人に対しても根拠を求めません。それが、自由な空気を醸成し、周囲の人にも根拠のない自信が伝搬していくのです。

もう1つ。自信をなくして劣等感をもっている人には、劣等感というのは個性であることを認識させることも必要になってきます。

その個性を自分自身や周りが受け入れることができたら、人であれ、家庭であれ、会社であれ、それが安全基地となり、何かに挑戦しようという勇気も生まれてくるはずです。

脳をその気にさせるコツ

挫折しても自信をもって前を向くことで前頭葉は刺激され、さまざまな回路が強化される。逆境でも、根拠のない自信をもとう。後付けで根拠を積み上げていけばいいのだ。

❶体を動かす

体を動かしてみよう。大脳基底核の一部には、やる気を司る淡蒼球《たんそうきゅう》と呼ばれる部位があり、運動をすることで活性化できる。

❷失敗内容を書き出して検証

失敗したら、失敗内容を書き出して、本当に自信を失うほどの失敗だったのか、ほかにどんな解決法があったのかを、第三者の目になって見つめ直してみよう。

❸妄想で前頭前野を刺激する

前頭葉の前頭前野は思考や創造を司り、生きる意欲ややる気と密接に関わっている。そこで真剣に妄想をして、前頭前野に刺激を与えてみよう。頑張れば実現できそうなことを考えることでやる気がわく。

❹自信満々の人をまねる

根拠のない自信をもつためには、自信満々に見える人の言動を観察して、まねてみることも効果的。自分ならしないような言動でもあえてすることで、思考パターンも変わるはず。

自信がなくても口角をあげて笑顔をつくるだけで、脳は機嫌がいいと錯覚し、前向きに動きだす。まずは、行動を変えるべし。

17 脳は新しいものとの出会いが好きって、本当？

見知らぬ土地への旅行が脳を活性化させる

たとえば、これまで行ったことのない土地に旅行するとします。そのとき、脳にはどんなことが起こるでしょうか。

旅行の魅力といえば、見るもの、聞くもの、食べるもの、出会う人など、新しい出会いです。

新しいものとの出会いは、脳の好奇心の回路を活性化させ、ドーパミンなどの多幸感を伴う神経伝達物質を大量に分泌させます。

実は、脳の神経細胞に同じ刺激を何度も与えると、1回目にとりわけ大きく反応することが知られています。2回目、3回目と回数を重ねるごとに、反応は次第に低下していきます。

その点、見知らぬ土地への旅行は、「初めて」の宝庫ですから、脳を大いに活性化してくれることは間違いありません。

また、脳の記憶を司る海馬《かいば》には「場所細胞」といわれるものがあることがわかっています。これも、未知のところへ移動すると活性化します。

さらに、旅行の計画を立てるときは、脳の前頭葉が活性化します。

一方で、いくら綿密な計画を練っても、旅行にはアクシデントがつきものです。旅行は、必然と偶然の間にある「偶有《ぐうゆう》性」に身をさらすことになります。**脳は偶有性に対応する前提で設計されていますから、旅行は人間の脳本来の潜在能力を発揮するにも非常に有効ですし、突然の出会いや偶然の幸運を意味する「セレンディピティ」も脳を活性化してくれます。**

このように旅行は、脳を活性化させますし、さらには脳を若返らせる作用も期待できるでしょう。

脳を活性化するセレンディピティ

「セレンディピティ」は、イギリスの作家ホラス・ウォルポールが友人への手紙のなかで、童話『セレンディプの三人の王子』を引き合いに、「偶然幸運に出会うことをセレンディピティと呼ぼう」と提案したことから広まった。科学の世界でもよく使われる言葉で、あるノーベル賞受賞者は偉大な発見は、「予測していなかったセレンディピティ」によるものと語っている。セレンディピティを得るために大切なのが「3つのa」だ。

セレンディピティに恵まれるための「3つのa」

action
（行動）

ただ漫然と待っているだけでは偶然の幸運と出会うことはできない。目的や理由は何でもOK。まずは行動してみよう。未知の場所に出かけるのだ。

awareness
（気づき）

せっかく幸運なことが起こっているのにそのことに気がつかなければ意味がない。視野を少し広げて、視野の端にあるものに気づく「周辺視野」をもとう。

acceptance
（受容）

出会ったものが、いままでの自分の価値観と相いれないものであっても、拒絶するのではなく、受け入れることが大事。それがひらめきのヒントになる。

18 本で知る知識より、なぜ生の体験が大事なの？

生の体験の記憶整理が脳を鍛える

学校の「優等生」はたしかに優秀ですが、何か物足りないと感じさせるのは、生の体験が足りないからだと思います。

何が起こるかわからない、複雑怪奇な現代社会を生き抜いていくためには、生の体験が必要なのです。

「記憶」という視点から見ると、生の体験にはユニークな特性があります。それは、特定の意味に整理される以前の、言い換えれば「編集前」のノイズが豊富に含まれているということです。

書物や映像を通して得られる知識は、誰かが整理し、編集してくれたものです。もちろん、これも必要なものですが、一方で、自分で工夫し、何とか言葉にしていくという、アグレッシブな側面に欠けてしまうことになります。

生の体験の記憶は、脳の大脳《だいのう》皮質《ひしつ》の側頭葉《そくとうよう》に蓄えられます。脳に蓄積された記憶は長い年月をかけて徐々に編集されます。そして、**さまざまなノイズに満ちた体験から、「意味」を見出す編集作業こそが、脳を鍛え、成長させていくのです。**

記憶は一度定着されても、そのままずっと静止しているということはありません。長い時間をかけて編集され続けるようなのです。たとえば、ずいぶん前に体験したことの記憶が突然よみがえって、その意味がふと腑《ふ》に落ちることがあります。

こんなことが起こるのも、脳のなかでそのときの記憶がずっと編集され続けていたからです。

このようなことから、いくつになっても、生の体験を重ねていくことが人間にとって必要なことだといえるでしょう。

生の体験にムダはない！

人間は周囲の環境の一部として存在し、身体で感じ、思考し、進化してきた。この、身体で感じることを「身体性」と呼ぶ（P100参照）。生の体験で得た知識は、身体性を伴った知識といえる。たとえば、富士山について本で調べるのと、実際に登るのでは、得られる情報量は後者のほうが明らかに多い。その体験は記憶として脳に保存され、意外な場面でひらめきの材料として役立つ。

ひとつの体験から膨大な情報をゲット！

頂上で飲んだ水、美味しかったなぁ
富士山の気候って変わりやすい。突然雨が降ってきた
本には森林限界は5合目ってあったけど、もう少し上まで木々があるぞ
ストックを用意してきて大正解！本の情報に感謝
標高3000メートルって空気が薄い。頭が痛くなった。携帯用の酸素ボンベ持ってきてよかった
登りより下りのほうがひざがガクガクする
それにしても人が多いなぁ
8合目ぐらいから足を上げるのがしんどくなってきたぞ
高山植物を意外と見かける。フジアザミってきれいな花だなぁ
山小屋ではお弁当を用意してくれるんだ。鮭が入ってる！

遠くに出かけなくても、ご近所をジョギングするだけでも、いままで知らなかった情報を体験できるはずだ。それが脳に刺激を与える。

19 脳の健康を維持する方法とは？

健康でいたいと願い、努力することも手入れの1つ

もっと記憶力をよくしたい、もっと感性を高めたい、死ぬまで生き生きとした状態を保ちたいなど、自分の脳に対する欲望には限りがなく、脳の健康に対する関心が高まっています。「こうすれば頭がよくなる」的な本も、本屋さんでたくさん見かけます。

脳も1つの臓器ですから、その健康に気を配り、成長を願うのは当然です。とはいっても、脳のさまざまなメカニズムや働きかたのプロセスをすべてコントロールすることはできません。

私たち人間は、意識的にできるものについては手入れを行ない、あとは脳の自然な生命力に任せることしかできないのです。

脳の手入れとしておすすめなのが、よい本を読むこと、新しい出会いを求めること、小さなことであれ、つねに挑戦すること、などがあります。

ただし、それらの手入れによって、自分の脳がどのような影響を受けるかは、無意識のプロセスですから、コントロールすることはできません。ただ、**それらの知識や体験、意欲といったものが脳を活性化する作用があることは間違いないでしょう。**

そして、それらが記憶として蓄積され、長年にわたって再編集され、何年かあとに、思いもかけなかったような新しい発見やひらめきにつながる可能性も十分にあります。

脳の手入れは、いくつになってもはじめられます。

「若々しくいたい」という欲望をもち、努力をすることが、すでに脳の手入れといえるのです。

脳によいとされる栄養素

全身の2%しかない脳が、全エネルギーの24%を消費しているということをご存じだろうか。脳はよく食べるのだ。脳といえどもひとつの臓器だから、必要な栄養素がある。ブドウ糖は有名だが、それ以外で脳の健康を維持する効果が期待できる栄養素を紹介しよう。

DHA（オメガ3）

効能 脳組織に多く存在するDHAは脳や神経の発達を促す作用がある。特に成長期の子どもには重要。また脳の働きを活発化する作用により、記憶力や集中力が増す。

含まれる食品 イワシ、サバ、サンマ、アジ、マグロ（トロ）、アボカドなど

必須アミノ酸チロシン

効能 ドーパミンの原料。不足するとドーパミンがつくられず、うつなどの症状も。

含まれる食品 アーモンド、アボカド、バナナ、牛肉、鶏肉、チョコレート、コーヒー、卵、緑茶、ヨーグルト、スイカなど

必須アミノ酸トリプトファン

効能 セロトニンの原料。セロトニンはこの栄養素からしかつくられない。

含まれる食品 豚肉（赤身）、牛肉（赤身）、豆腐･納豆･みそなどの大豆食品、ごま、チーズ、牛乳、ヨーグルトなど

ポリフェノール

効能 記憶力、思考力を高めるといわれるテオブロミンなどが含くまれている。

含まれる食品 チョコレート、大豆食品、緑茶、紅茶、コーヒー、赤ワイン、そば、たまねぎ、柑橘類など

ビタミンB_6

効能 ブドウ糖の吸収を助け、神経伝達物質のドーパミン、アドレナリン、ノルアドレナリン、GABA（ギャバ）、アセチルコリンなどの生産を助ける。

含まれる食品 小麦胚芽油、米、ジャガイモ、牛肉、豚肉、鶏肉、卵、牛乳、乳製品、シーフード、レンズ豆、ピーマン、ナッツなど

私のブレインフードはコーヒーとチョコレートかな

20

のんびり過ごしていると、脳は衰えるの？

本能的に脳はチャレンジをくり返している

　現在は、「自分はのんびりやっていくからいいよ」という人には、生きにくい時代といえるかもしれません。しかし、そんなのんびり屋さんの脳にも、新しいことにチャレンジしたいという欲求は、本能として必ず潜んでいます。

　人間は生まれ落ちたときから、新しいことにチャレンジして次々と新しいことを学んでいきます。

　ですから、何も考えずのんびり過ごしていたとしても、脳は新しいことを学んでいるのです。

　とはいえ、**積極的に挑戦したいと願うのであれば、安全基地をもつことが大事になります。**

　イギリスの心理学者、ジョン・ボールビー（1907〜1990年）は、子どもたちを観察するなかで、安全基地の必要性を発見しました。

　子どもは、保護者が見守ってくれるという安心感があって、はじめてその探求心を十分に発揮できるというのです。一方で、その安心感を得られていない子どもは探究心が薄いことがわかったのです。

　安心と探索のバランスをとることは、脳の大脳皮質の下にある大脳辺縁系《だいのうへんえんけい》を中心とする感情システムの働きによります。**いつでも戻れる人や場所があるという安心感が、新しいことに挑戦する意欲を生み、感情システムの働きを活発にします。**

　「探索のための安全基地」の概念は、子どもだけのものではなく、大人にも当てはまります。

　大人も、子どもも、探索するための安全基地が確保されていることが、積極的に挑戦する意欲をかきたて、脳を成長させるために欠かせないファクターといえるでしょう。

チャレンジを後押しする脳の安全基地をつくる

子どもにとっての安全基地が保護者から与えられる「安心感」であるのに対して、大人にとっての安全基地は経験やスキル、人脈、自分の価値観だと考えられる。それらによって裏付けられた自信が、不確実なことでも挑戦する勇気を与えてくれるのだ。そして、脳は不確実なこと、偶有性があることが大好きだ。勇気を出して新たな挑戦の一歩を踏み出した瞬間から、脳はワクワクして興奮し、脳の活性化がはじまる。

大人にとっての安全基地

これまで積み重ねてきた経験やスキル、人脈、価値観が自信と勇気を与える

いくつになっても
挑戦はワクワク
するね
経験
スキル
人脈
価値観

挑戦する自信をつけるには

「腕立て伏せを毎日50回やる」「英単語を1日10個覚える」など、小さなことでいいので、課題をつくってやってみよう。そして、成功したら大げさに自分をほめよう。それを重ねるうちに「おれも案外やるね」という自信がわいてくる。

21 自分が望むように、脳を変えることができる？

意欲する方向に脳は進化する

進化の引き金は何かを考えるときに、「一生懸命やること」という説を唱える人がいます。

ゾウは、水を飲もうと鼻を伸ばしているうちに、長い鼻になった。キリンは、高いところにある葉っぱを食べようと背伸びしているうちに、長い首になった、という具合に。

これらは、もちろん俗説で間違いであることははっきりしています。ところが、脳の進化に関する限り、そうともいえないのです。**脳は、確かに意欲に導かれて変化していくからです。**

脳の回路全体の指揮者といえば前頭葉ですが、なかでも自我の中枢《ちゅうすう》である前頭前野《ぜんとうぜんや》は、そのときどきの意欲や欲望に従って、さまざまな脳回路の活動を上げ下げしています。

だからこそ、音楽家を目指す人の脳は、次第に音楽家の脳になっていきます。同じように、数学者の脳、文豪の脳、職人の脳など、意欲をもって日々過ごしているうちに少しずつ変化して、それぞれプロフェッショナルの脳に進化していきます。

意欲さえあれば、脳は変わる。これは、脳科学の観点から確かなことです。

しかし、実は人生においていちばん難しいのが、意欲をもち続けることです。成功体験が、前に進むモチベーションを育む要因ではありますが、「意欲→努力→成功体験→意欲」というルーチンを維持し続けることは難しいからです。

とはいえ、**意識して意欲をもって日々を暮らそうとする気持ちが、脳を変化させることは間違いないでしょう。**

夢や目標が脳を進化させる

脳は受けた刺激に対して変化し続ける性質がある。脳の司令塔と呼ばれる前頭前野が喜ぶ刺激は「いつもと違う」ことだ。毎日流されるように漫然と生活していれば、前頭前野の活性化は期待できない。脳の進化を望むのであれば、目標に挑戦し続ける意欲をもつことだ。目標について学んだり、情報を集めることも刺激になる。

意欲的に目的に取り組めば前頭前野は応えてくれる

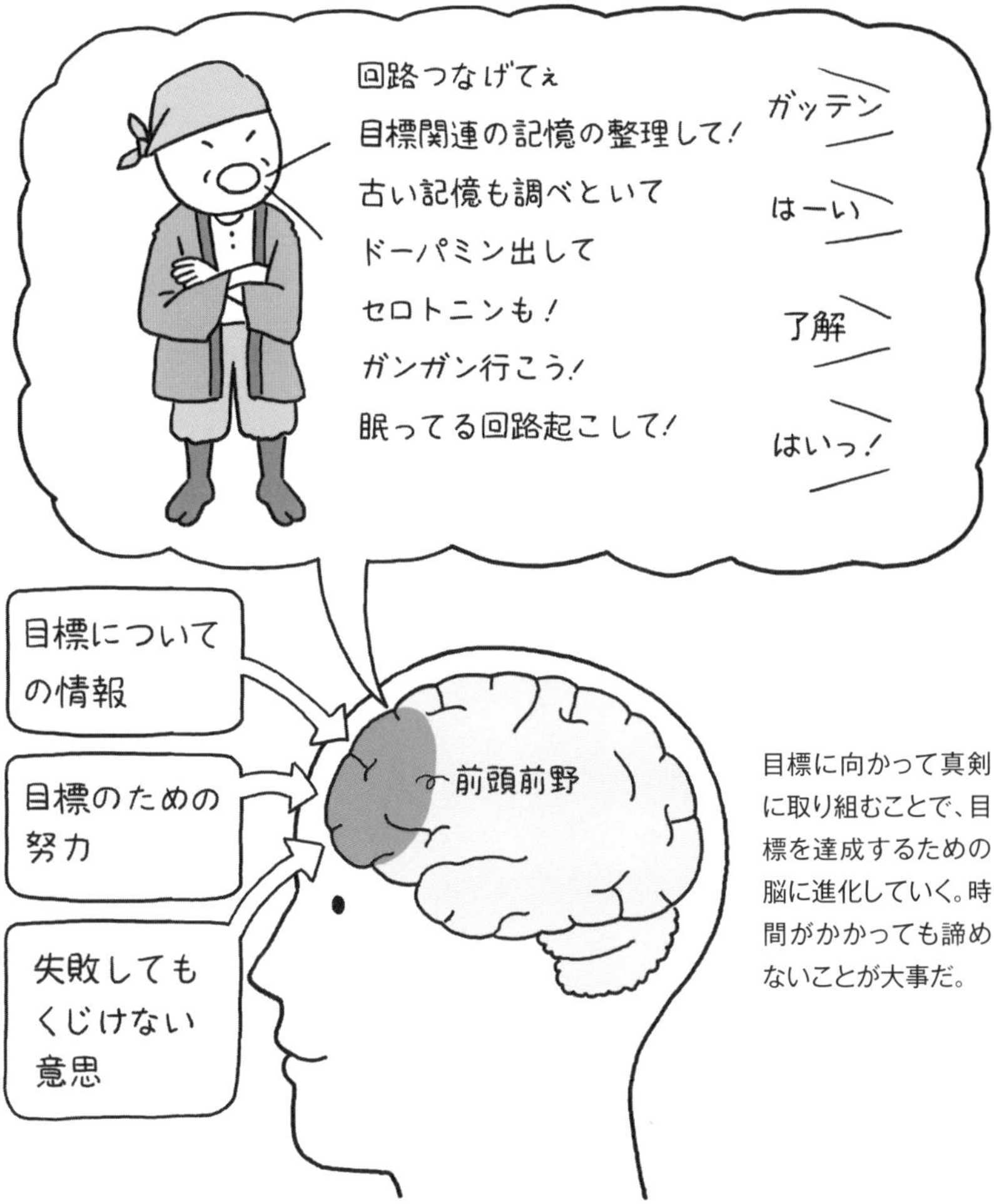

目標に向かって真剣に取り組むことで、目標を達成するための脳に進化していく。時間がかかっても諦めないことが大事だ。

22 脳の発達には年齢制限があるの？

人間の脳はいくつになっても成長できる

子どもの成長は見ていて楽しいものです。ぎこちない動きに、ほほえましさを感じさせます。

そして、成長するにつれ、ぎこちなかった動きも、大脳皮質の運動野や運動前野、小脳などの運動関係のネットワークの学習によって、だんだんと洗練されていきます。脳内では、神経細胞の結合のドラマチックな変化が起こっているわけです。

子どものぎこちなさに魅力を感じるのは、そこにたゆまず学習を続ける生命の不思議さや、したたかさを見るからかもしれません。同じように、大人が見せるぎこちなさも魅力的です。

人間は、一生学び続ける存在です。どんなにみっともなくても、新しいことに挑戦し続けなければ、せっかくの脳の学習能力を生かすことはできません。**人間の脳は、いくつになっても成長できる可能性を秘めているのですから。**

ぎこちなく戸惑っている自分を楽しむくらいの余裕がなければ、脳の潜在的学習能力を生かし切ることはできないのではないでしょうか。

幼い子どもに限らず、いい大人が新しいことに挑戦している姿も、見ていて楽しいものです。ましてや、**おじいちゃん、おばあちゃんが、ぎこちなくてもチャレンジを続けている姿は、うっとりするほど美しいと私は感じます。**

また、これは社会のありようにもいえます。たとえば、インターネットが誕生したころ、多くの人は、「使い物にならない道具」くらいにしか思っていませんでした。しかし、そんなぎこちなさを経て成熟し、いまでは社会に不可欠のインフラとなったことは、万人の認めるところです。

「はじめての体験」がいくつになっても脳を成長させる

脳は一生成長できる。それまでの自分の価値観や世界観と異なるものに遭遇しても、ごまかしたり、否定するのではなく、冷静に眺めてみる心の余裕が必要だ。年を取っても何かに挑戦している人は発想も柔軟で若々しく見える。間違いなくその人の脳は成長を続けている。

意欲的に挑戦している人は周りの人から応援してもらえる。その頼もしさが次なる挑戦の後押しになる。そんなプラスのループを目指そう。

column

脳の「強化学習」機能で自分改造計画

　本文でもたびたび出てくるドーパミンという神経伝達物質は、うれしいことがあると放出されます。そして、ドーパミンが放出されると、その直前までやっていた行動の回路が強化され、次からその行動を起こしやすくなります。

　大脳の奥深くには、大脳《だいのう》基《き》底核《ていかく》（P116 参照）という神経核の集まりがあります。ここは、運動の調節や認知、感情、動機づけ、学習などを司っていて、行動に関係しています。ドーパミンが放出されると、大脳基底核は運動や感情、学習などの回路をより強化することがわかっています。

　これが「強化学習」です。

　この仕組みは、人間のあらゆる行動に反映しています。

　勉強したらテストでいい点が取れた→もっと勉強しよう。大好きな人が笑いかけてくれた→もっと好きになる。先生に掃除がていねいだとほめられた→もっときれいにしよう。このように、自分の行動によってうれしい結果が出て、もっと頑張れるようになったという経験をした人は多いのではないでしょうか。

　一方で、強化学習の仕組みはギャンブルなどにハマるきっかけにもなります。

　どちら方面を強化させたいかは本人次第。しかし、「強化学習」という脳の機能を活用して、自分で自分を前向きで意欲的な方向に成長させるほうが断然お得なのは、間違いありません。

第3章

脳はひらめく

これからはひらめきの時代

23

脳がゼロから新しいものを生み出す仕組みとは？

創造とは、脳内の記憶情報を再編集すること

創造と聞いて、「0から1を生み出すこと」「無から有を生み出すこと」と考える人も多いでしょう。でも、これは間違いです。

私たちが、アイデアを絞り出そうとするとき、脳の前頭葉《ぜんとうよう》は、大脳新皮質《だいのうしんひしつ》の側頭連合野《そくとうれんごうや》（側頭葉《そくとうよう》）というところに「こういうものが欲しいんだけど」というリクエストを送ります。

ここは大量の情報が蓄えられている記憶の倉庫。リクエストを受け取った側頭連合野は、倉庫のなかにしまってある膨大な記憶情報をさまざまに組み合わせ、編集して、イメージにいちばん近いものを前頭葉に届けます。

送られてきたもののなかから、「これだ！」というものを見つけるのが、創造するということです。

創造性というのは、多彩な情報を再編集して引き出す力であり、創造というのは思い出すことに似ているといってもいいでしょう。

さまざまな分野で人工知能（ＡＩ）が人間をはるかに凌駕《りょうが》する成果を出すようになり、人間に残された数少ない取り柄が創造性だといわれています。

この創造性を高めるうえで重要なのが、側頭連合野に蓄積された記憶の量と、前頭葉が「こういうものが欲しい！」とリクエストするときに描くビジョンの鮮明さではないかと考えられています。

そのために、まず、さまざまなことを経験して記憶する情報の量を増やしていくこと。そして、その経験を踏まえたうえで、「これまでにない、こういうものが欲しい！」という強烈なビジョンをもつことが大切になってきます。

創造力を高めるポイント

創造力を高めるには、創造の材料ともいえる情報をたっぷりと蓄えておく必要がある。脳内に情報を蓄えるためには生の体験や学習は欠かせない。そして、何かをひらめきたいときは、より具体的に求めるものをはっきりとイメージすることが大事だ。

前頭葉から側頭連合野へ司令

求めているものをより具体的に伝える。求めるものをさまざまな角度からイメージする。

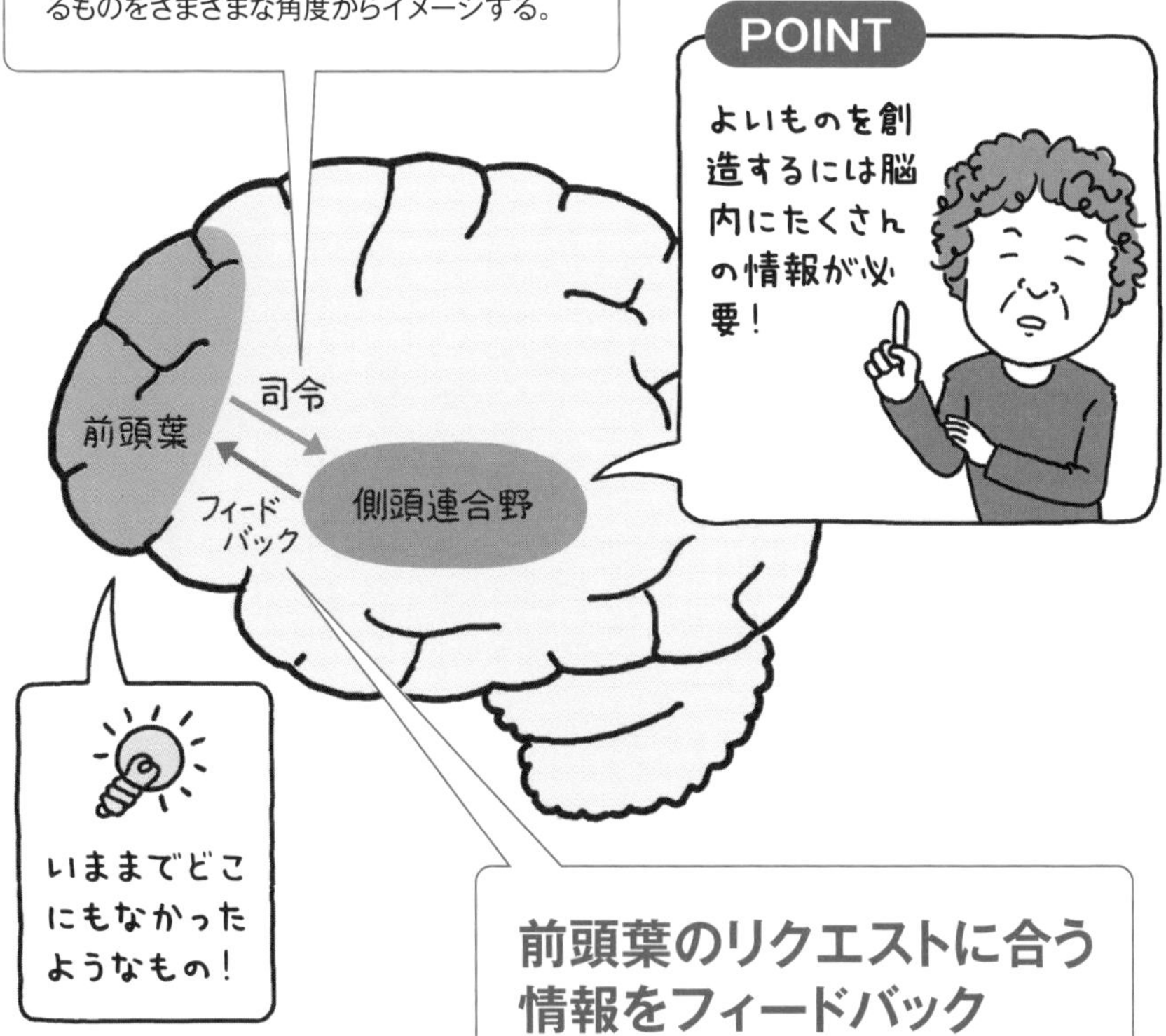

POINT
よいものを創造するには脳内にたくさんの情報が必要！
司令
前頭葉
フィードバック
側頭連合野
いままでどこにもなかったようなもの！

前頭葉のリクエストに合う情報をフィードバック

前頭葉からの司令を受けたら、リクエストに合うような情報を集め、再編集し、前頭葉へ戻す。

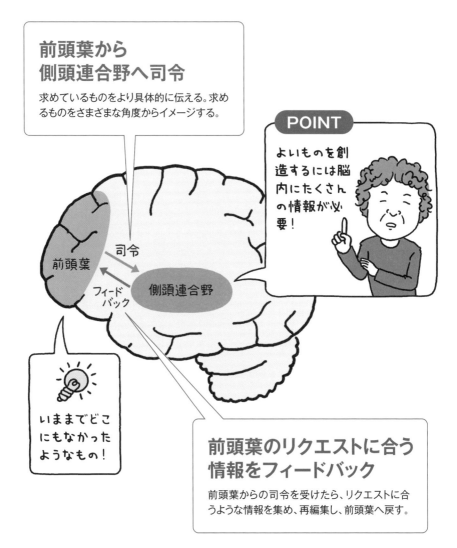

24 創造性を発揮するために必要なことは、何？

自己規制をいかに外せるかがカギになる

私たちが、**創造性（クリエイティビティ）を発揮するとき、脳は一種の「脱抑制《だつよくせい》」状態になっています。**通常、脳は、システムとしてのバランスを取るため、各回路の働きを抑制して自己規制をかけ、潜在能力を100％出し切っていません。

脱抑制というのは、衝動や感情をコントロールできなくなり、適切な抑制がきかない状態のことで、薬物やアルコールなどによって起こることが知られています。そのため、**脱抑制は好ましくないことに思われがちですが、創造性を発揮するためには、これが必要になってくるのです。**

私たちは、自分の脳に「思いつけ」「ひらめけ」と強制することはできません。脳の回路はある意味、勝手に働いていて、何らかのアイデアなどを思いついたとき、自分でハッと気づくものです。

これが、脱抑制状態のときに起こるのです。逆にいえば、**自己規制をいかに外すかということが、創造性を発揮するうえでのカギになるわけです。**

そのための第1歩が、成功体験を増やすことです。脱抑制によって脳から積極的にアウトプットをすることで、いいアイデアが生み出されるという経験を1つずつ積み重ねることによって、だんだんと脱抑制ができる脳になっていくはずです。

空気を読むことを求められたり、同調圧力を気にしたり、日本は抑制の強い国だといわれています。こうした脳の使いかたを続けていると、脱抑制は難しくなっていきますから、**ときには抑制を外して、自分の思いや感情を素直に表に出してみてはいかがでしょう。**「ちゃぶ台返し」も、たまには必要だと、私は思っています。

脱抑制が創造性のカギ

最近の研究で、天才的な創造性を発揮する人は脳内の認知フィルターの働きが弱まった「認知的脱抑制」の傾向を示しやすいことがわかった。脳には絶えず膨大な量の情報が入ってくる。通常は無関係な情報をフィルターにかけて遮断している。しかし認知的脱抑制状態にある独創的な人は、大量の情報に圧倒されることがなく、それらから斬新なアイデアを得ているのだという。しかし、この脱抑制は天才でなくても、訓練で身につけられるそうだ。

脱抑制のコツ

深く考えない

「さあやるぞ!」と特別なことをする、と気負わず、アイデア出しや企画書作成も、意識せずにする習慣的な行為にしてしまう。

他人の目を気にしない

人の意見や考えに縛られるのをやめる。「変なヤツ」といわれても気にしない。他人の価値観ではなく、自分の価値観で動く。

開き直る

緊張や不安は脳を縛ってしまう。「できるだろうか?」と考えず、「できる」と開き直る。失敗しても別のやりかたなら「できる」。

「もうこれ以上無理!」というレベルまで追い込んで、超えたときにも脱抑制状態に。

25 ひらめきの瞬間、脳内で何が起こっているの？

前頭葉は驚くが、側頭葉はシーン

ひらめきというのは、自分にとっても予測のつかないもので、その瞬間、私たちは驚きすら感じます。

しかし、驚いているのは、実は自我の中枢《ちゅうすう》である前頭葉だけです。

側頭葉にとっては驚きでも何でもありません。**ひらめいた内容は記憶のアーカイブにあったもので、それはすでに知っていることだから。**

同じ脳内で、このようなずれが起こっていることは不思議なことですよね。

また、**何が起こるかわからない状況は、感情を生み出します。**たとえば、サプライズでプレゼントを渡されたとき、「喜び」が爆発するはずです。決まったことよりも、決まってないことのほうが、より感情を掻き立てるものです。

これと同じように、**ひらめきがなぜうれしいかというと、そこに最大の不確実性があるからです。**もともと自分の脳がつくり出したことなのに、ひらめきで「ああ！」と驚くことができるなんて、人生のぜいたくといえるのではないでしょうか。

何かがひらめいたとき、神経細胞は一斉に活動をはじめます。**ひらめいた瞬間の脳の目的はただ1つ。ひらめいたことを確実に記憶に定着させることです。**その瞬間を逃さないために、脳の神経細胞は0・1秒くらいの時間で一斉に活動を開始するのです。

これは普段の脳の神経細胞の活動の様子から見ると、きわめて驚異的な動きです。それだけ、神経細胞もひらめきを逃さないために必死なのでしょう。

ひらめきの瞬間の脳内

アメリカの研究者らによると、ひらめく寸前、脳の視覚野が一時的に閉ざされることがわかったという。これはひらめく寸前、視覚からの情報を受け取らないようにし、脳内の情報処理に集中するかららしい。そしてひらめいた瞬間、神経細胞が一斉に活動する。

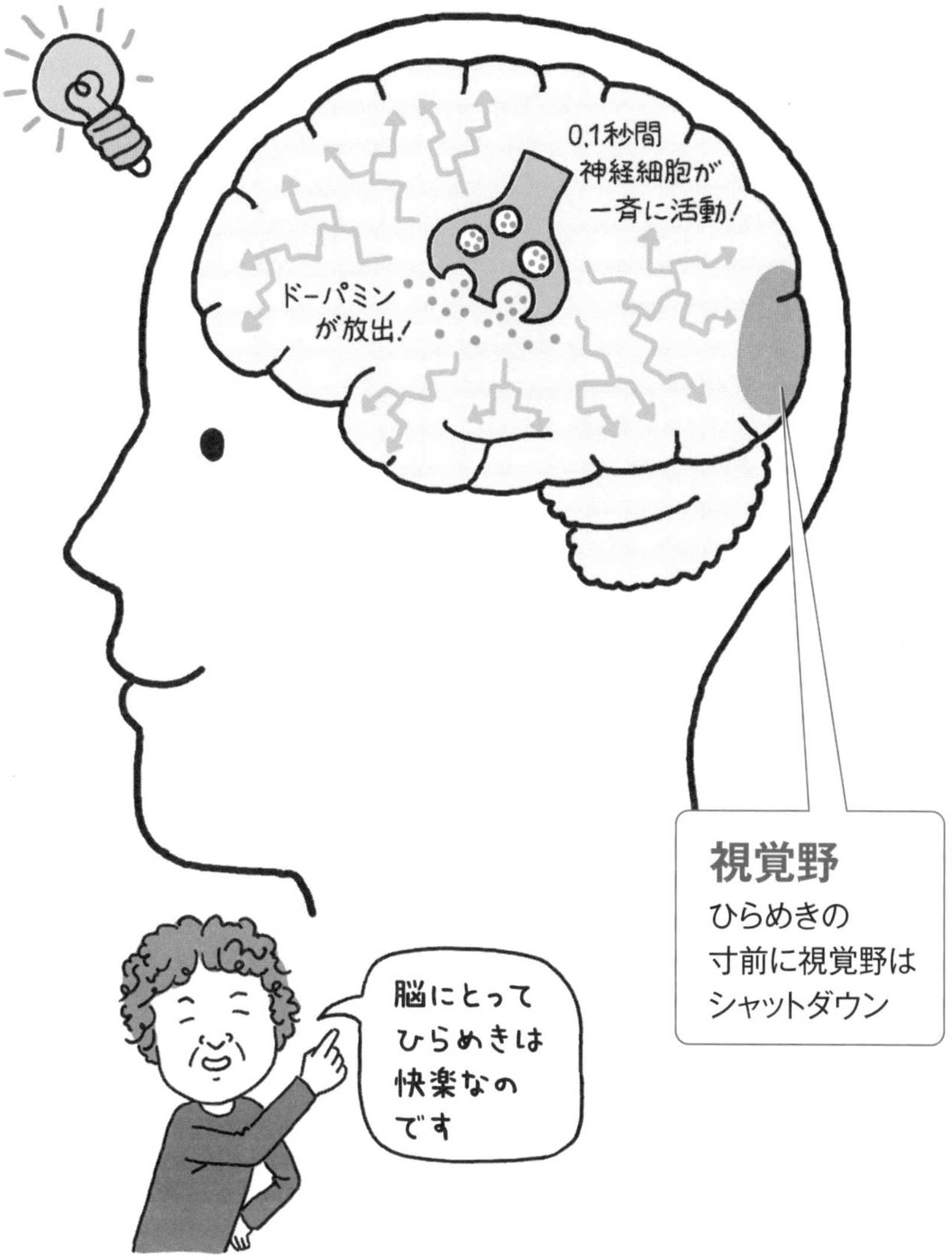
0.1秒間
神経細胞が
一斉に活動！
ドーパミン
が放出！
視覚野
ひらめきの
寸前に視覚野は
シャットダウン
脳にとって
ひらめきは
快楽なの
です

26 「ひらめき回路」を鍛える方法とは？

鍛えれば誰でもひらめき王になれる！

ひらめいたり、とびっきり斬新《ざんしん》なアイデアを思いついたりするのは、特殊な才能のように思っていませんか？　でも、それは違います。

ひらめきはどんな人の脳にも、もともと備わっている能力なのです。

最近の研究では、**脳には「ひらめきの回路」と呼べるものがあるらしいことがわかってきました。**

私たちの脳には、側頭連合野と前頭葉を結びつける神経細胞のネットワークがあります。

通常は、前頭葉からの「これこれこういうモノが欲しい！」というリクエストがあると、このネットワークを通じて側頭連合野に蓄積されている記憶が呼び出され、前頭葉での思考の手がかりになります。

実は、このネットワークにはバイパスのようなものがあり、これが「ひらめきの回路」ではないかと考えられているのです。

この**ひらめきの回路は、くり返し使うことで鍛えられるという研究結果も報告されています。**

残念ながら、ひらめきの内容まではコントロールできないということですが、**くり返し使って強化することで、ひらめきの頻度はどんどん上がっていきます。**

とはいっても、ひらめきを引き出すために、根をつめてずっと考え続けるのはかえって非効率です。

集中して考えたら、そのあとリラックスすることをくり返すのがコツです。筋トレと同じような感覚で、ひらめきの回路も鍛えてみたらいかがでしょう。

ひらめきの回路を鍛える

ひらめくことができるのは天才ばかりではない。普通の人でもひらめくことはできる。しかし、いきなり大きなひらめきを求めるのではなく、まずはちいさなひらめきを積み上げていこう。その積み重ねによって、ひらめきの回路は強化されていくのだ。

小さなひらめきの積み重ねが
ひらめきの回路を強くする！

POINT

つねに疑問をもち続ける

「こんなもんだろう」「当たり前だ」と思わず、「本当にこれでいいのか?」「自分に足りないものは何か?」といつも粘り強く考え続けることがひらめきの材料になる。

POINT

ひらめきに気づくこと

せっかくひらめいても気がつかないとひらめきの回路は弱くなる。どんな小さなひらめきでも「面白い」「いただき」と捕まえよう。それには脱抑制（P65参照）状態であるべし。

ひらめき
ひらめき
ひらめき
ひらめき
ひらめき
ひらめき
ひらめき
ひらめき
ひらめき
ひらめき

27 ひらめきを邪魔するものって、何？

「頭がよくない」という思い込み

「私は頭が悪いし、ひらめきなんて無理」と思い込んでしまうのには、いくつか理由があります。

理由の1つが、学校教育の影響です。テストの成績で能力を評価するシステムでは、ひらめきなどは評価されないからです。学校の勉強ができる子どもと、ひらめきを生む力に長《た》けている子どもは必ずしも一致しないのに。

テストの点数や偏差値だけで「私は人より頭がよくない」と思い込んでいては、ひらめきも生まれてきません。**脳というのは、抑圧してしまうと、潜在的な能力を発揮できない器官なのです。**

「私は人より頭がよくない」という思い込みは、ひらめきにとって邪魔なものです。こうした思い込みから自分を解放することが脳にとって重要で、ひらめきへの第1歩となります。

また、ひらめきを生むためには苦しく、大変な努力がいるのではないかと考えてしまうことも、邪魔になります。たしかに、あることを考え続けるプロセスは苦しいかもしれません。でも、何かを思いついたときほど脳が喜ぶことはないのです。

人間が快楽を感じるとき、脳のなかでは、大脳《だいのう》辺縁系《へんえんけい》にある感情のシステムが活性化し、報酬系の神経伝達物質であるドーパミンが分泌されます。最近の研究では、ひらめきの瞬間、この報酬系が活性化することが証明されています。

ひらめくということは、脳内の「快楽の泉」を刺激することです。ですから、「ひらめきなんて自分に関係ない」などといっていると、せっかく自分の脳のなかにある「快楽の泉」を閉ざしていることになります。

ひらめきの邪魔をする「どうせ私は…」をやめる方法

自分の能力をフルに発揮して自分が変わってしまうことを恐れる「ヨナ・コンプレックス」というものがある。いまのままでいるほうが安心という心理が、「どうせ私は○○だからできない」という言葉の裏に潜んでいる。まずはそこから一歩踏み出そう。

❶本当に「自分はダメ」なのかを検証する

自分自身を客観的に見て、本当に全部ダメなのかを考える。「○○はできた」「人にほめられた」など、自分がイケているところがあることを認める。

いい面もあった・・・

❷理想のハードルを下げる

自分を認められない人は自分に求める理想が高すぎる傾向がある。ハードルを低くして、できたら自分をほめよう。

無理だ・・・・
できた！

❸得意なこと、興味があることについて学ぶ

どんなことでもいいから得意分野や興味があることについて深堀りしてみる。自分の専門分野をつくり、知識を増やすことで、自信が生まれる。自慢ができる。

なるほど…
犬の生体

❹周りを気にしない

「どうせ私は○○だから、あの人に従おう」と判断を人任せにするのはやめる。周りの意見や空気に流されるのではなく、自分の考えで判断しよう。

ワイワイ
ガヤガヤ
集中！
カタカタ

28 ひらめきを生む原動力は、何？

記憶の編集力こそがひらめきの原動力

前の項で、創造性とは「無から有を生み出すことではない」というお話をしました（62ページ参照）。これと同様に、ひらめきを生むためには記憶を司る側頭葉に、ある程度の準備ができていないといけません。

その準備というのは、「学習する」ということです。**ひらめくためには、そのベースとなる材料を側頭葉にストックしておかなければなりません。**

暗記する、記憶するということと、ひらめきや創造性はまったく正反対であると思う人も多いかもしれません。しかし、**学習によって記憶のアーカイブがある程度蓄えられていないと、ひらめきも生まれないのです。**

たとえば、神童と呼ばれたモーツァルト。幼いころから音楽の英才教育を受けて、いろいろな音楽をたくさん聞いていました。彼の側頭葉には、音楽に関する記憶のアーカイブが豊富だったからこそ、後世に残るような独創的な曲をつくり出すことができたわけです。

ひらめきや創造性のメカニズムというものは、人間の記憶のシステムがもつ不思議さと密接にリンクしていて、ひらめきや創造性は、記憶の働きから生まれる可能性が高いといえます。

人間の記憶というのは、覚えたことをただ再現するのではなく、脳のなかで再編集されてアウトプットされています。この編集する力こそ、ひらめきを生む原動力といえるのです。

ひらめきは人生を豊かにしてくれます。そのためにも、学習によってしっかりとしたベースをつくることも大事になってくるというわけです。

記憶のアーカイブを増やす方法

「アーカイブ」とは保存記録という意味。脳内の記憶のアーカイブがひらめきの材料になる。ひらめきたいのであれば、記憶のアーカイブを増やすことが大事だ。それは本からの知識であり、生の体験からの情報や体感などだ。また周辺を観察することも有効。

ポイントは「生の体験」と「周辺観察」

生の体験

本からの知識も大事だが、生の体験で得られる情報の量は多岐にわたる。行為そのものについての知識のほかに、身体で感じた情報も非常に重要なひらめきの材料になる。

周辺観察

独創的なアイデアを出す人は、日常的に周辺をよく観察していることがわかっている。そうすることでさまざまな情報をゲットし、独創的なひらめきの材料を集めているのだ。

29 ひらめきを忘れない方法とは？

ひらめきを定着させる仕組みがある

厄介なことに、ひらめきはいつ起こるかわかりません。そこで、**脳には、いつ起こるかわからないひらめきを逃さないために、ひらめきを定着させるための回路が備わっています。**

前頭葉に、前部《ぜんぶ》帯状回《たいじょうかい》という部位があります。ここは脳における「警報センター」みたいなところで、何か尋常《じんじょう》でないことが起こると、この前部帯状回が最初に反応して活動をはじめます。

前部帯状回が活動をはじめると、その情報は前頭葉側にある外側前頭前野《がいそくぜんとうぜんや》というところに伝わります。ここは、脳の「司令塔」のような役割を担っている部位です。

外側前頭前野は脳内の関係部位に、「おまえは活動しろ、お前は休んでいろ」といった司令を送り、脳内の神経細胞の活動のメリハリをつけます。

脳内で注目すべきことが起こると、まず前部帯状回が見つけて、その情報を外側前頭前野に送ります。そこで外側前頭前野は、脳の関係部位の活動モードをコントロールして、「他の活動をやめて、この情報に集中！」と、前部帯状回からきた情報に対して最適な処理をするよう命令を出すのです。

私たちの脳は、このような前部帯状回と外側前頭前野の連係プレーで、ひらめきの種がないかいつも見張っています。いわば、「無意識」という広大な海に釣り糸を垂れて、魚がかかるのを待っているようなものです。

そして、魚がかかったら、前部帯状回からの知らせを受けて、外側前頭前野が必要な処理を行ない、ひらめきをしっかり脳に定着させる仕組みになっているのです。

ひらめきを定着させる脳内システム

強烈な感情が起きると、記憶の定着が強くなる。最終的に記憶が収納されるのは側頭葉だが、その際海馬が大切な役割を果たす。一方感情を司るのが扁桃体だ。強い感情で扁桃体を活性化させた出来事は、海馬も活性化させ、記憶に定着しやすくなるのだ。

強い感情が伴った出来事が扁桃体を活性化

扁桃体を中心とする情動系の機能は早く、一瞬で反応する。強い感情を伴った出来事で扁桃体が活性化される。

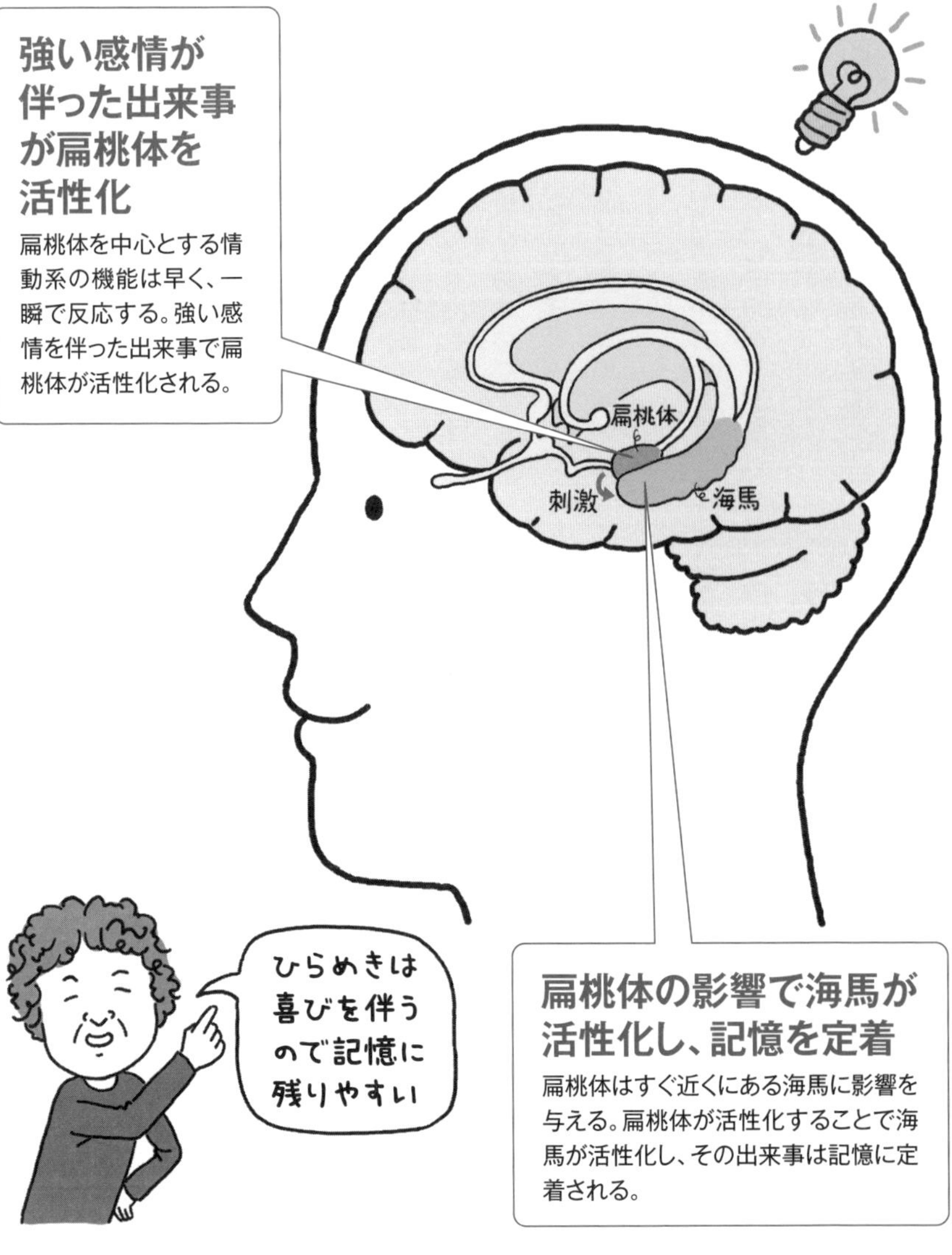
扁桃体
刺激
海馬
ひらめきは喜びを伴うので記憶に残りやすい

扁桃体の影響で海馬が活性化し、記憶を定着

扁桃体はすぐ近くにある海馬に影響を与える。扁桃体が活性化することで海馬が活性化し、その出来事は記憶に定着される。

30 アイデアが次々とわく脳になりたい!

「アハ!体験」でひらめきのクセをつける

　ある大手のおもちゃメーカーでは、新入社員にアイデア出しのトレーニングをさせるそうです。学生時代、おもちゃについて真剣に考えたことなどなかった人がほとんどですから、はじめは1日中考えても1個も出せない人だっています。

　ところが、しばらく経つと30も40も出せるようになってくるといいます。**脳はひらめきのクセをつけると、こんなに変わっていくのです。**

　このとき、私たちの脳はどんな状態になっているのでしょうか。

　考えてはそれを打ち消し、別の角度からのアプローチを模索し、しっくりくるものを求めて頭をフル回転させ続けているのだと思われます。そして、「これだ!」というアイデアが生まれてくるというわけです。

　これを脳科学の用語で「アハ!体験（Aha! Experience)」といいます。何かについて説明されて腑《ふ》に落ちたとき、英語で「Aha!」などといいますが、そこからきた言葉です。

　じりじりするようなもどかしさのなかで、真剣に考え続けていると、**ある瞬間にパッと頭のなかが明るくなったように、「これだ!」という感覚が得られるのが、「アハ!体験」です。**そしてアイデア出しというのは、「アハ!体験」の典型的なものです。

　わからない問題をじっと考えて脳をフル回転させ、脳が活性化する状態をつくり出す。これが、アイデアを出すための近道だと考えられます。

　脳研究をする立場からすると、非常に興味深い現象がここにあります。

考え続けることでアハ！体験を得られる

ひらめいたときのアハ！体験は、考え続けることで得られる。小さなアイデアが浮かんだら、それをいろいろな角度から見て肉付けをしていく感覚で考え続けることが大事だ。

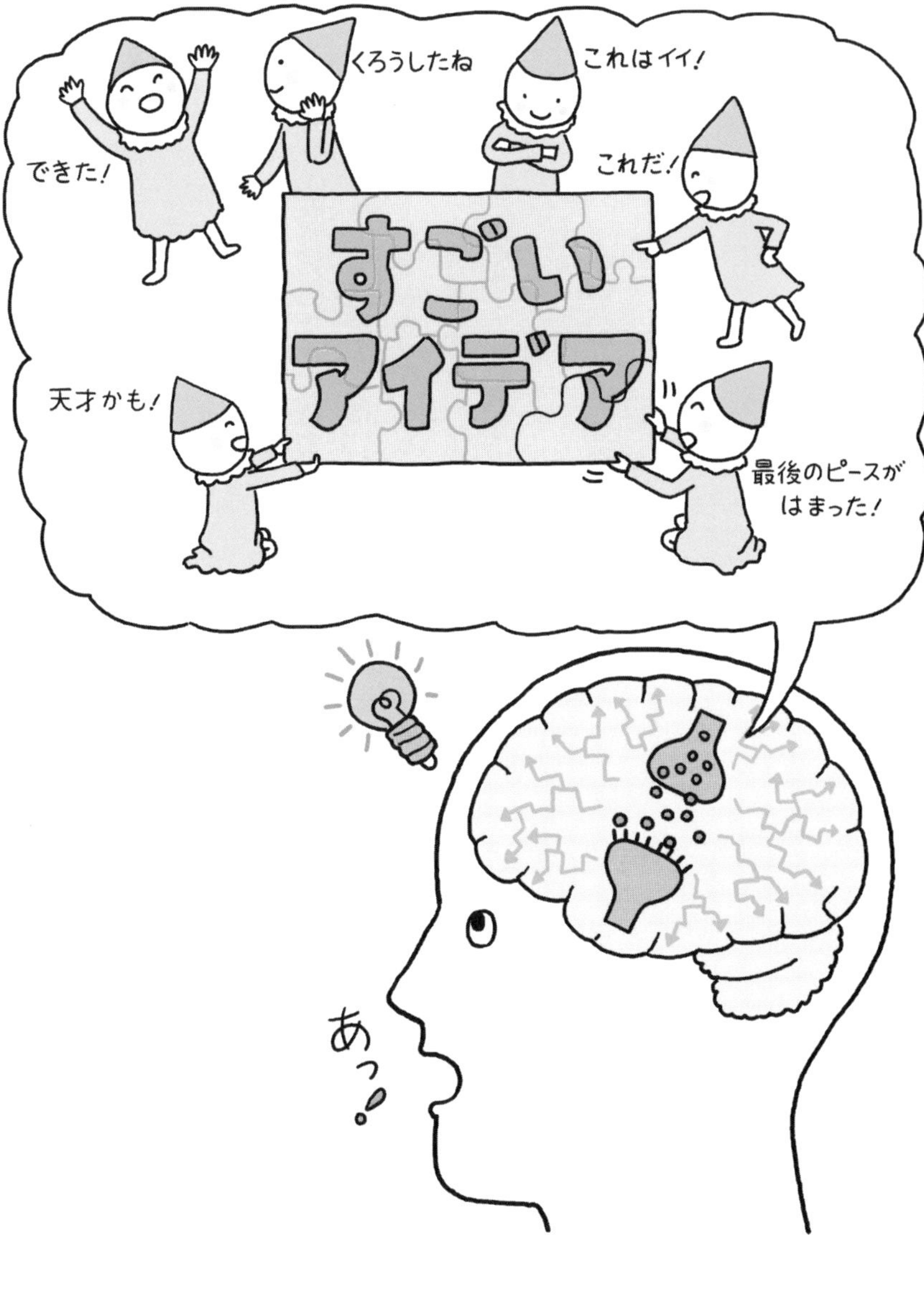

31

「アハ！体験」のとき、脳では何が起きている？

神経細胞が一斉に活動しドーパミンが分泌される

アルキメデスは、お風呂から水があふれるのを見て、アルキメデスの原理を発見したといいます。ニュートンは、リンゴが木から落ちるのを見て、重力を発見したとされます。そのとき、彼らは「わかった！」と叫んだに違いありません。これも、偉大なる「アハ！体験」といえるでしょう。

では、「アハ！体験」の瞬間、脳内では何が起こっているのでしょうか。

人間の脳は、平常時と「アハ！体験」時でははっきりと異なる反応を示します。

後者においては、0・1秒のほどの間に、驚くほど集中的な神経細胞の活動が生じるのです。同時に、報酬系の物質であるドーパミンがタイミングよく分泌されていることが知られています。

この**神経細胞の一斉活動と、ドーパミンの分泌こそが、「アハ！体験」の「わかった！」という感覚の正体だと考えられています。**

これは、私たちが何かをひらめいた瞬間のメカニズムそのものといえます。

つい最近まで、知識が豊富な人や事務処理能力の高い人が評価されてきました。しかし、時代は大きな転換点を迎えています。

これから求められる資質のキーワードとして、「創造性」や「ひらめき」を挙げることができると私は思っています。

創造性やひらめきは、もちろんどのような時代にも必要とされるものですが、現代社会においてこれまで以上に必要とされ、より評価される時代になりつつあります。そんなことを、最近つくづく感じるのは私だけでしょうか。

チンパンジーの行動から見たアハ！体験

ドイツの心理学者ヴォルフガング・ケーラーが、アハ！体験について面白い実験を行なっている。それは手が届かない、檻《おり》の外にあるエサをチンパンジーが獲得する過程を観察したものだ。そこにチンパンジーのアハ！体験の流れが見える。

アハ！体験の４つのステップ

❶準備期

解決すべき問題に対して思考錯誤をくり返す

檻のなかには、エサには届かないが長い棒と短い棒がある。チンパンジーは手を伸ばしたり、2本の棒をそれぞれ使ってエサを引き寄せようとするが、できない。

❷温め（ふ化）期

準備期に蓄えた要素を温めて考察する

檻のなかをウロウロ歩きまわったり、棒を手にとって眺めたり、周囲を観察したりしているが、実はこのとき脳内はフル回転している。この行動が非常に重要だ。

❸開明（ひらめき）期

ひらめきが訪れる

温め期で、2本の棒を眺めたり手に取ったりしていたチンパンジーは、2本の棒が差し込んでつながる仕組みになっていることに気づく。このときがまさにアハ！

❹検証期

ひらめいたアイデアを実践

2本の棒をつなげたチンパンジーは、長くなった棒で見事にエサを獲得した。これがアハ！体験の流れ。チンパンジーでもアハ！体験をしているのだ。

32 簡単に「アハ！体験」を味わうことはできる？

「アハ！ピクチャー」と「アハ！センテンス」

「アハ！体験」を難しく考える必要はありません。いくら考えてもわからなかったことが急に腑に落ちて「なるほど！」「そういうことか！」となったことはあるでしょう。それも「アハ！体験」です。

　前項で話したように「アハ！体験」をくり返すことで脳は活性化します。ですから、**「なるほど！」「そういうことか！」と感じる体験は、多くしたほうがいいということになります。**

　そこで、私がおすすめするのが、「アハ！ピクチャー」と「アハ！センテンス」です。

　一見、何が描かれているのかわからない絵柄を、じっと見ているうちに、はっきりとしたイメージとなり、一度そう見えてしまったらもうそれ以外のものには見えなくなってしまう。これが「アハ！ピクチャー」と呼ばれるものです（左ページ参照）。

　そして「アハ！センテンス」とは次のような文章をいいます。

『布が破れると、藁《わら》の山が重要になる』

　全体としてピンボケのセンテンスですが、あるキーワードにたどり着ければ、「なるほど！」と思わず膝を叩いてしまうはず。

　ヒントをいうと、この「アハ！センテンス」のキーワードは「パラシュート」です。

「パラシュート」の布が破れた状態で着地しなければならなくなったとき、藁の山に降りられるかどうかが生死の分かれ目になる——といった意味が浮かび上がってこないでしょうか。

　このように、**遊び感覚で「アハ！体験」をくり返して、脳にひらめきグセをつけてみてはいかがでしょうか。**

アハ!ピクチャーでアハ!体験してみよう

ひらめきとアハ!体験を体験できるアハ!ピクチャーに挑戦してみよう。はじめは何だかわからないけれど、見るポイントを変えてみたり、思考錯誤してみると、ある瞬間に「あ!」とひらめくはずだ。難易度の低いアハ!ピクチャーを用意したのでやってみよう。

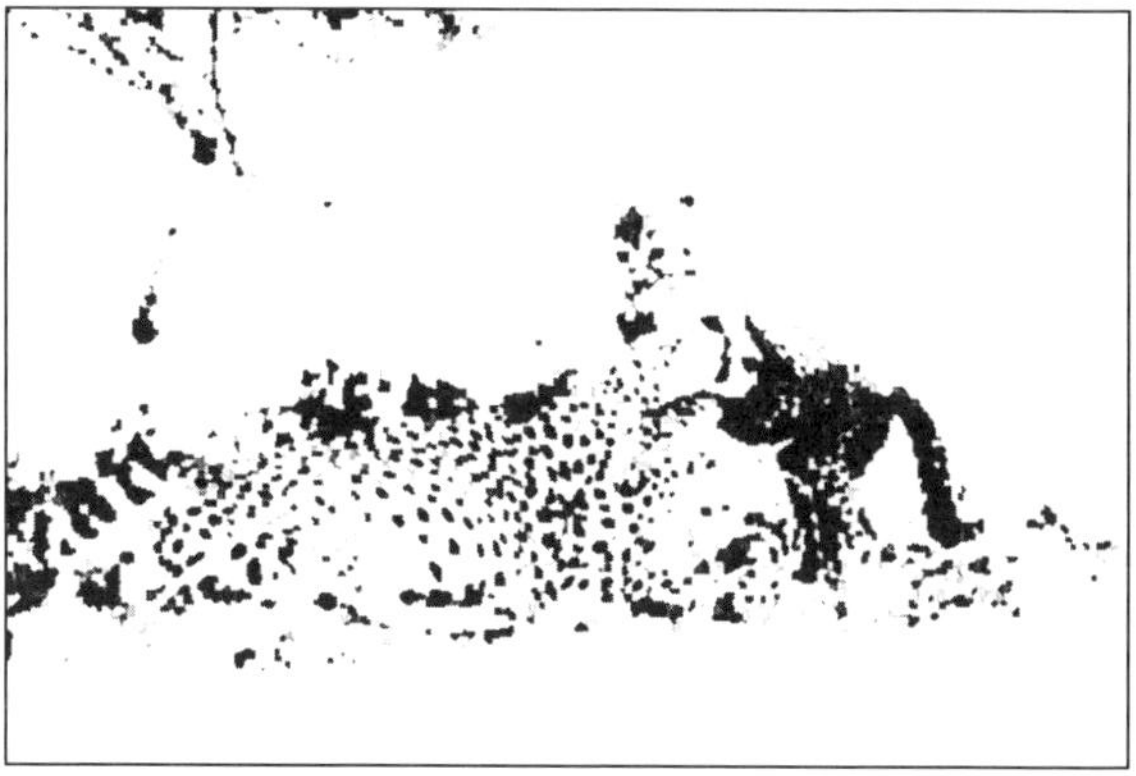

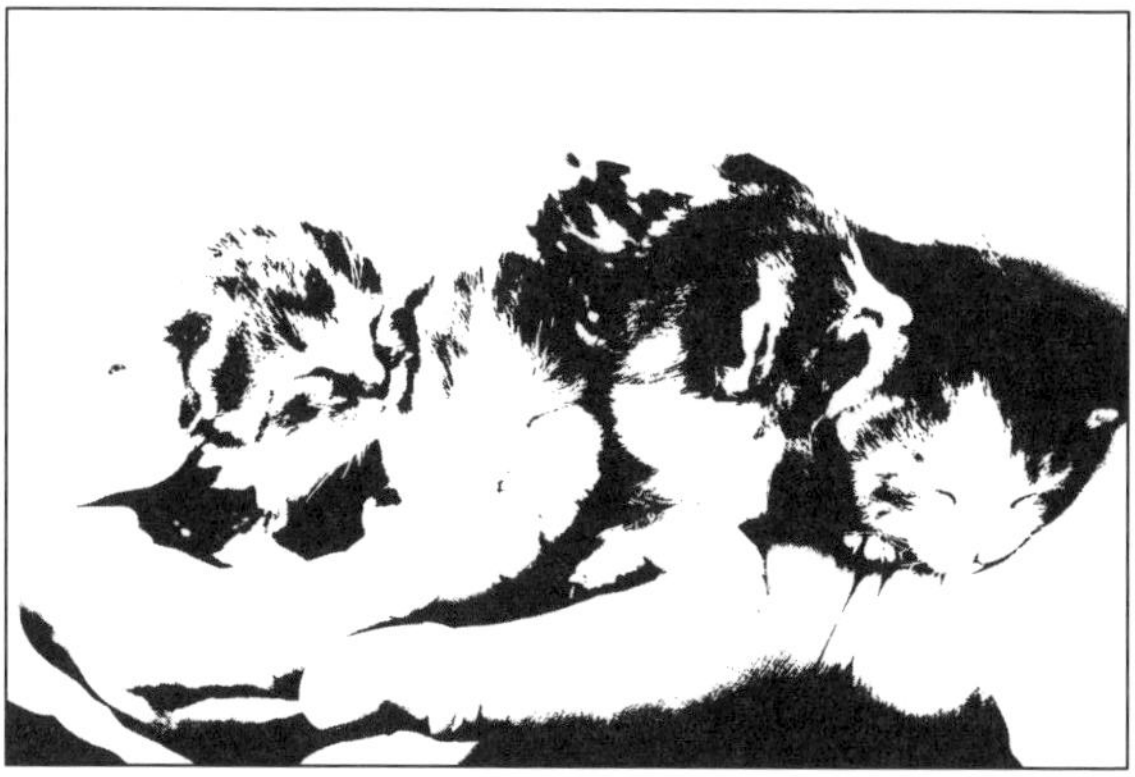

iStock.com/Meadowsun

何の写真か
気づいたら、
もうそれ以外
には見えなく
なるのも
面白い

※答えは82ページ

column

クオリア――いちごの「赤」と「赤らしさ」とは？

本文には出てきませんが、人間の脳について考えるとき、忘れてはならない概念があります。それが「クオリア」です。

人間の経験のうち、計量できないものを、現代の脳科学では、「クオリア」（感覚質）と呼びます。「クオリア」とは、私たちの感覚に伴う独特な質感を表す概念で、非常に主観的な感覚で、心を構成するもの、といってもいいかもしれません。

赤い色の質感。水の冷たさの感じ。そこはかとない不安。たおやかな予感。私たちの心の中には、数量化することのできない、微妙で切実な「クオリア」が満ちています。

しかし、これまで脳科学において、「脳という物質に、なぜ心という不可思議なものが宿るのか」ということについては深く研究されてきませんでした。なぜなら、「クオリア」という概念が、科学が対象とする客観的な物質の振る舞いで語ることができなかったから。

しかし、多くの科学者が「クオリア」の存在を意識していたことは間違いありません。

DNAの二重螺旋《らせん》構造の発見者でイギリスの科学者、ランシス・クリックが、その著作の中で「読者は、私が意識について様々な憶測を述べ立てたにもかかわらず、長期的に見れば最も深遠《しんえん》な問題を巧みにさけたという印象を持つだろう。私は、クオリアの問題――「赤」の「赤らしさ」の問題――については、何も述べることをしなかった。この問題に関しては、私は、それをわきに押しやり、幸運を祈るとしか言い様がない」と述べていることからもおわかりいただけるでしょう。

「クオリア」についての探究はまだ始まったばかりです。

※P81の答え：上）ヒョウの親子、下）4匹の子ネコ

第4章

AIと脳の未来

ＡＩ時代の脳の活かしかた

33

いつか人間がＡＩに使われる世界になるの？

人間がＡＩに勝る部分を伸ばせば共存できる

近年、人工知能（ＡＩ）の台頭が著しく、いつか人間はＡＩに使われる存在になるのでは、と心配する人もいるかもしれません。

ＡＩというのは、人間の知性を取り出して機械に移し、学習させながら進化させていく、人類の壮大な実験だといえます。人間という存在の「鏡」をつくっているといってもいいでしょう。

近年、さまざまな事象を分析して最適解を導き出す能力を備えたＡＩが次々と開発されています。実際に将棋や囲碁の世界で、プロを負かしてしまうＡＩがすでに登場しています。

今後遠からず、**人間が凌駕《りょうが》され、ＡＩに置き換えられてしまう分野が出てくるのは必至です。**

ただし、それは、人間の限られた一部分だけを代替しているだけに過ぎません。

たとえば、**ＡＩは人格や個性につながるパーソナリティを再現することはできません。**なぜなら、人格を表現するよいモデルがまだ存在しないからです。さらに、**人間の豊かな感情を再現することもＡＩにはできません。**

音楽を聴く、絵画を観賞する、小説を読むといったことを通して、私たちはさまざまな感動を覚えますが、現在のＡＩは芸術に対して、ほとんど何のリアクションもとれません。ＡＩはダ・ヴィンチの絵を模倣して描けるかもしれませんが、「素晴らしい！」と感動する能力はないのです。

ＡＩには再現できない、人間の人間らしい能力を伸ばしていくことができれば、互いに補い合いながら共存していけるのではないか、と私は考えています。

近い将来AIに代わられると予測される職業

イギリスのオックスフォード大学でAIの研究を行なうオズボーン准教授が2014年に衝撃的な予測をした。それは、今後10～20年後、アメリカの総雇用者の約47%の仕事が自動化されるリスクが高いというもの。下のリストは消える職業、なくなる仕事の可能性が高いものの一覧だ。いずれもAIに代わられる確率は90%以上だという。

主な「消える職業」「なくなる仕事」

- 銀行の融資担当者
- スポーツの審判
- 不動産ブローカー
- レストランの案内係
- 保険の審査担当者
- 動物のブリーダー
- 電話オペレーター
- 給与･福利厚生担当者
- レジ係
- 娯楽施設の案内係、チケットもぎり係
- カジノのディーラー
- ネイリスト
- クレジットカード申込者の承認･調査を行なう作業員
- 集金人
- パラリーガル、弁護士助手
- ホテルの受付係
- 電話販売員
- 仕立屋（手縫い）
- 時計修理工
- 税務申告書代行者
- 図書館員の補助員
- データ入力業者
- 彫刻師
- 苦情の処理･調査担当者
- 簿記、会計、監査の事務員
- 検査、分類、見本採取、測定を行なう作業員
- 映写技師
- カメラ、撮影機器の修理工
- 金融機関のクレジットアナリスト
- メガネ、コンタクトレンズの技術者
- 殺虫剤の混合、散布の技術者
- 義歯制作技術者
- 測量技術者、地図作成技術者
- 造園･用地管理の作業員
- 建設機器のオペレーター
- 訪問販売員、路上新聞売り、露店商人
- 塗装工、壁紙貼り職人

人間にしか
できない
クリエイティブ
な仕事を
開拓しよう！

※オズボーン准教授の論文『雇用の未来』より、AIに代わられる確率の高い仕事として挙げられたものを記載

34 コンピュータもひらめくことができる？

コンピュータにひらめくことはできない

2000年にノーベル物理学賞を受賞したのは、アメリカの電子技術者のジャック・キルビー（1923〜2005年）でした。

1958年、それまでさまざまな電子デバイスをつなぐことでつくっていた電子回路を、1つのシリコン基板上につくってしまう「集積回路」のアイデアを思いつき、実際に製作・量産することに成功したからです。

このひらめきがなければ、今日の多彩な電子機器は生まれなかったでしょうし、インターネットもAIも出現していたかどうかわかりません。

歴史上もっとも偉大なひらめきといっていいかもしれません。

さて、ジャック・キルビーのひらめきから発展してきたコンピュータですが、決められた手順に従って問題を高速で解くことにかけては、人間の能力をまったく寄せつけないところまできています。

しかし、決められた手順から外れて、何かを思いつくことや、ひらめくことはいまのところできていません。

日本のこれまでの学校教育は、「正解のはっきりした問題を早く解く」ことを最優先として教えられてきました。しかし、こうした作業は現在、コンピュータが圧倒的なスピードをもって担っています。

そうなると、**人間の脳には、いままで以上に人間の脳にしかできない能力が求められます。**

そこで、ひらめきです。人間の脳だけがそれを生むことができるからです。

AIの研究の歴史を知っておこう

AIは決して人間の敵ではない。AIの誕生がなければ、現在のような便利で豊かな生活はなかっただろう。そこで、そんなAIの研究の歴史を簡単に解説しよう。AIの開発も研究者たちの努力とひらめきによるもの。まさに人間のひらめきが生んだものなのだ。

第一次AIブーム

●1950~1960年代
●特徴：探索と推論

ダートマス会議において「人工知能（AI）」という言葉が登場。この時代のAIは、ゲームやパズルを解いたり、迷路のゴールへの行きかたを調べるなど。しかし決まった枠組みのなかでしか動かなかったため、1970年代に1回目の「冬の時代」に突入。

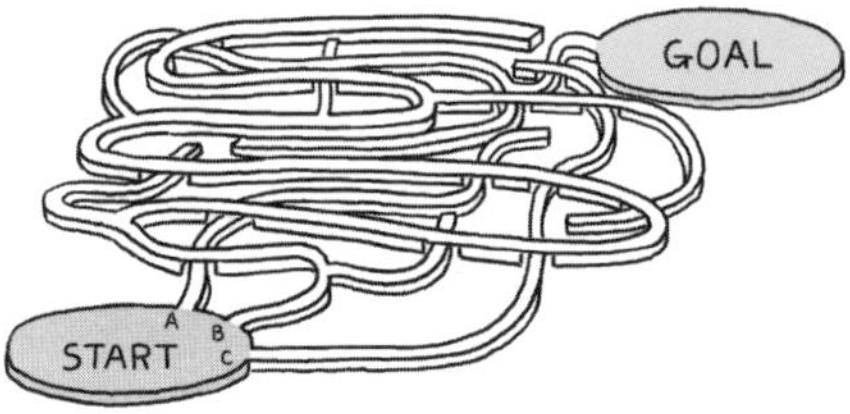

第二次AIブーム

●1980年代
●特徴：知識表現

家庭にコンピュータが普及。このとき、エクスパートシステムという、専門家の知識をAIに取り込んだうえで推論することで、AIが専門家のように振る舞うプログラムが開発された。しかし、知識を教え込む作業が非常に煩雑であったため、1995年ごろから再び冬の時代へ。

第三次AIブーム

●2000年代~
●特徴：機械学習

ビッグデータという大量のデータを用いることでAI自身が知識を獲得する「機械学習」や、入力データから自ら特徴を判別し、特定の知識やパターンを学習する「ディープラーニング」が登場。これにより社会や暮らしで実用的なシステムが続々と登場している。

第三次AIブームでの主な出来事	
1997年	チェス専用のAIが世界王者に勝利
2006年	ディープラーニングの実用方法が登場
2011年	IBM「ワトソン」がクイズ番組で人間に勝利
2012年	画像認識の向上で画像データから「ネコ」を特定できるようになる
2016年	「アルファ碁」がプロ棋士に勝利

35 AIの知性と人間の知性とでは、どう違う？

直感や思いつきが人間の知性のカギ

1997年、IBMが開発したコンピュータプログラム「ディープ・ブルー」が、チェスの世界チャンピオンを破ったというニュースが世界を駆け巡りました。「ついにコンピュータの知性が、人間の知性を超えた」と大騒ぎになったのですが、専門家たちはいたって冷静でした。

なぜなら、**ディープ・ブルーの思考プロセスは、人間の思考プロセスとは似ても似つかないものだったからです。**

人間の場合、直観が先にあり、それを論理的な読みで裏づけていきます。将棋の棋士であれば、最初の数秒のうちに指すべき手は直感的にわかってしまうといいます。その後のもち時間は、直観でわかった手を論理的な読みで補強して、最善手を指す確率を上げていくのです。

一方、ディープ・ブルーは1秒間に億単位の先読みを行なうようにプログラミングされていました。膨大なデータベースから、可能な指し手を論理的に検索するようにつくられているだけでした。

ほんとうに人間の知性に近い「考える機械」をつくるためには、人間の日常の何気ないふるまいの背後にある脳の働きを理解する必要があります。人間の日常の会話などは、ゲームのようなルールや正解がなく、思いつきの部分が大きいからです。

人間同士の会話は、相手のいうことに合わせて臨機応変に適切な言葉をくり出していく必要があります。言葉が生み出されるこのプロセスを、脳の直感のメカニズムが支えているのです。

そして、このような思いつきこそが、人間らしい知性なのです。

2016年、AIが囲碁世界チャンピオンに勝利

AIの進化を世界中の人々が痛感したのが、2016年のグーグル・ディープマインド社の「アルファ碁」が、複数の囲碁世界チャンピオンに勝利したというニュースではないか。囲碁は複雑で抽象的な戦略ゲームのひとつといわれていて、AIは人間には勝てないと思われていた。しかし、アルファ碁はそんな推測をくつがえしたのだ。囲碁の世界では、これからは人間がAIを追いかける形になるのかもしれない。

さらに進化した囲碁AIが登場！

2017年、グーグル・ディープマインド社は、アルファ碁を上回る「アルファ碁ゼロ」を開発したと発表。従来のアルファ碁に100戦100勝と完勝したという。

それでも
「考える機械」
までは進化
していない
んですよ

従来のアルファ碁

プロ棋士らの過去の棋《き》譜《ふ》データを学習

↓

それを基に自己対局で打ちかたを学習

↓

0勝

アルファ碁ゼロ

自分対自分の対局で効率的に学習できる新しい技術を導入

↓

自己対局のみで学習

↓

100勝

100戦対局

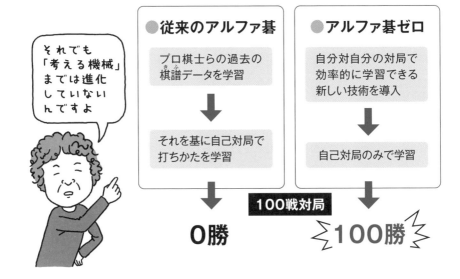

36

ＡＩのＩＱは人間より高いの？

人間とＡＩのＩＱを比べることに意味はない

「ＡＩは自分より頭がいいのでは？」と不安に感じている人も多いといいます。そんな人たちにはショッキングな話かもしれませんが、**シンギュラリティ（技術的特異点）に到達したＡＩは、あえて数値化すればＩＱ（知能指数）４０００といったレベルになるだろうといわれています。**

天才アインシュタインはＩＱ１８０ともいわれていますが、ＡＩはまさにけた違い。アインシュタインさえ足元にも及ばないレベルになってしまうのです。

ますます「私たち人間の存在意義はなくなってしまうのでは」と不安を感じる人が出てくるかもしれません。

しかし、そんなことはありません。

計算力や記憶力を生かした仕事はＡＩに任せてしまって、人間しかできないところで力を発揮すればいいのです。そのための1つのヒントが、人間のもつ「感情の豊かさ」です。

もともと私たち**人間の脳は、論理（ロジック）と感情（エモーション）という2つの軸のうち、感情のほうに重点を置いて発達してきました。**

そのため、論理的思考は苦手な傾向にありますが、**非常に豊かな感情表現を備えており、この面ではだんぜん人間にアドバンテージがあります。**

だからこそ、感情の世界で人間がＡＩに追いつかれる心配はまったくといっていいほどなく、私たち人間の独壇場といえます。

つまり、人間とＡＩの能力は根本的に異なるわけで、**ＩＱだけで、人間とＡＩを比べることに意味はないということなのです。**

人間とAIの能力の違いとは?

AIの進歩はめまぐるしく、AIがいまのペースで進化し続ければ、ある地点で人間の知能を超えるといわれている。しかし、人間とAIの能力には明らかな違いがある。その能力の違いに着目して、人間がどのような働きかたをすべきか考えることも大事だ。

人間とAIの能力分担

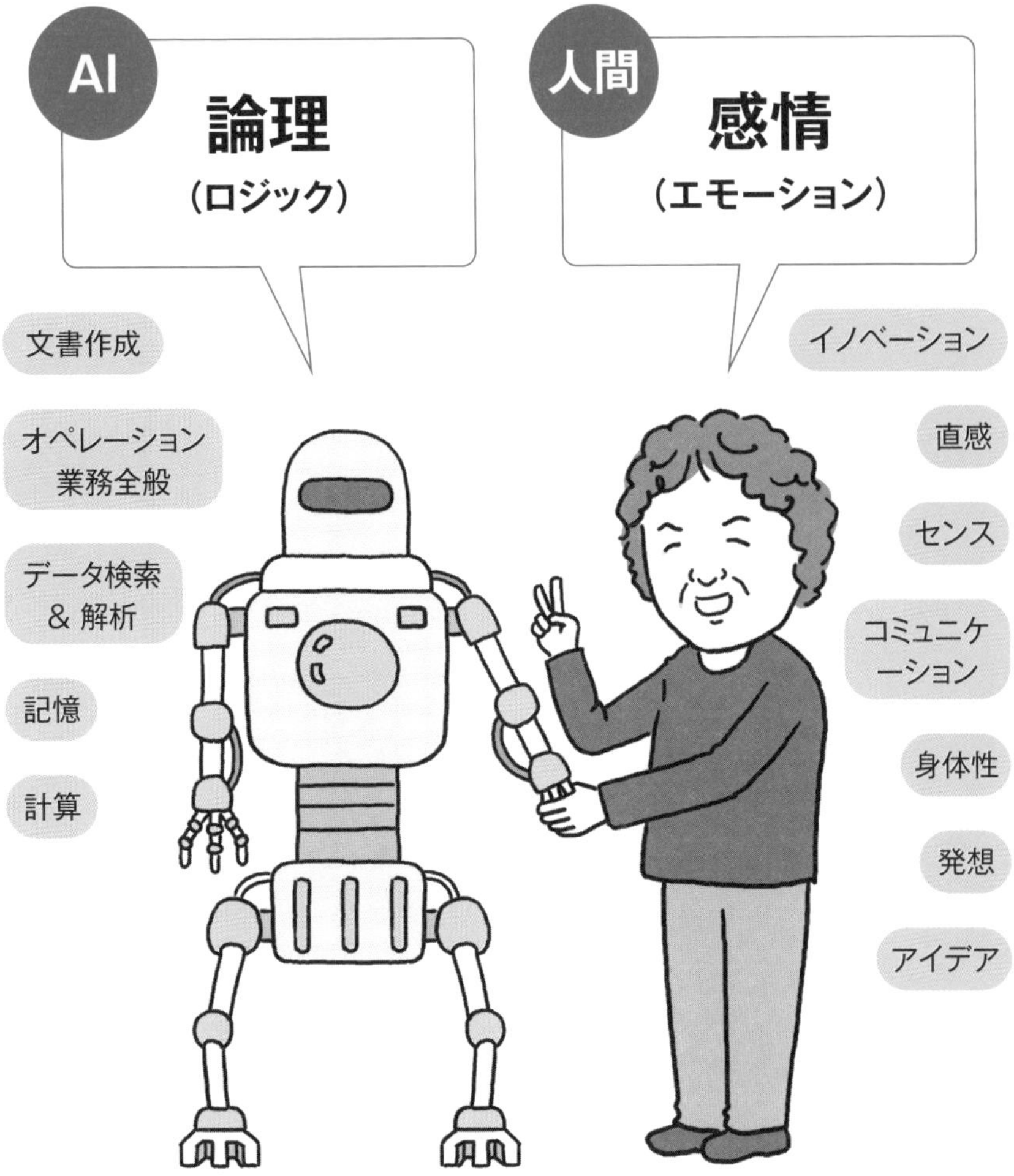
AI
論理
(ロジック)
人間
感情
(エモーション)
文書作成
オペレーション業務全般
データ検索&解析
記憶
計算
イノベーション
直感
センス
コミュニケーション
身体性
発想
アイデア

37

ＡＩが発達したことは人間にとってよかった？

ＡＩのおかげで「ちゃらんぽらん」に生きていける

ＡＩの特徴は、人間にルールや評価基準を決めてもらい、それにしたがって忠実に稼働するところにあります。

ルールや評価基準さえ与えれば、ＡＩは非常に信頼できる存在といえますし、これからＡＩの能力はさらに進化していくでしょう。

そこで、誤解を恐れずにいえば、**人間はもう少し「ちゃらんぽらん」や「いいかげん」でいい時代が来るのでは、と私は予測しています。**

たとえば、以前は知らない土地を歩こうとするとき、事前に地図で調べて、どこか恐る恐る、慎重に歩いていたものです。

でも今では、スマートフォンのおかげで、ある程度適当に歩いていても何とかなるといった安心感があります。

これが、「ちゃらんぽらんが生み出す自由」だということでしょう。

ルールをちょっと外れても、ＡＩがあとの面倒を見てくれて、私たちはいっそう、仕事でも勉強でも冒険やチャレンジができるというわけです。

教育にしても、これまでは学校のシステムを1度外れてしまうと、なかなか復帰するのが困難でした。ところが、ＡＩの時代には、学びの方法や機会に関して、いろいろな選択肢から選べるようになってきています。

さらに就職活動にしても、働きたい人と企業のマッチングがＡＩでやれるようになり、企業側は優秀な人材を発掘しやすくなっていくはずです。

つまり、人間に自由を与えてくれたＡＩの発達は、よかったといえるのではないでしょうか。

人間に自由を与えてくれるAIたち

AIの進化のおかげで、私たち人間はとても楽になったのは事実。地図を広げなくても、時刻表がなくても、スマートフォンさえあればどこでも行ける。掃除も、車や電車の運転もAIがやってくれる。だからこそ、楽になった分、人間らしい活動に当てよう。

身近にある便利なAI

- GoogleやYahoo!などの検索エンジン
- スマートフォンに掲載されている「乗換案内」や、音声認識や意味解析をしてくれる「Siri」
- 掃除機やエアコン、洗濯機や冷蔵庫などの家電製品
- クレジットカードの使用状況を解析して不正使用を検知
- 人間の医師では診断が難しいような病気の初期発見
- 介護ロボットによる24時間体制の健康管理
- 農家を助ける農業ロボット　　など

社会的な役割を担うAI

- 医療記録や臨床試験の電子データをもとに的確な診断と最適な治療計画の立案
- 医師が手がける手術を支援する手術ロボット
- 患者の病状や身体の相性に合わせた薬の開発
- 大量の弁論趣意書や判例データを電子化して弁護士をサポート
- 警官の代わりに街角や歩道に設置されたセンサー

など

38 人間の脳を人工的につくり出せる？

それは夢のまた夢

ＡＩが発達してくると、「コンピュータが人間のような意思をもつ時代が来るのだろうか？」といった疑問が、当然ながら出てきます。

これについては、現時点のＡＩには人間のような意思や感情は実装されていません。

ここで、参考までにＡＩと人工生命の違いについて考えてみましょう。

人工生命というのは、人間の手によって人工的に設計された生命のことですが、この人工生命が進化していけば、きっと欲望をもつことでしょう。人工といえども「生命」ですから、子孫を残したいとか、生き延びたいとか思ったりすることは、生命の根源的な欲求だからです。

ところが、人工生命の研究はＡＩの研究に比べてはるかに遅れています。**いまだに細胞１つでさえ、人間は生み出していないのです。**そのように考えれば、人間の脳を人工的につくり出すなどということは、夢のまた夢といえそうです。

ですから、**これからの時代は、私たち人間は「生きる」ということをもっと大事にする時代になると私は考えます。**そしてそれは、意思や感情をしっかりともつということでもあります。

たとえば、ＡＩがシェフになっておいしい料理をつくってくれたとしましょう。でも、ＡＩ自身はその料理を食べて「おいしい！」と感激することはできません。感激できるのは、人間だけです。そこに人間の存在価値があるわけです。

だからこそ、ＡＩの発達によってこれからは、私たち人間の生き方が問われる時代になると考えます。

人間にしかない感性を磨く

AIには論理分野を担当してもらい、人間は感性分野を担当することで、将来的にも住み分けはできる。逆に感性を磨かなければ、AIに仕事を奪われてしまう恐れがある。ここでは、人間しかもたない感性のなかから、AI時代を生き抜く武器になり得るものを3つ紹介しよう。

好き嫌い

AIは正解が決まることにしか対応できない。「好き」「嫌い」に正解はない。しかし、人間は「好き」「嫌い」で判断する。だからこそ大事にしたい。まずは「好き」をたくさんもとう。そうすることでセンスが磨かれていく。

個性

たとえば顔立ちの美しさにもいろいろなタイプがある。「これが美人の条件」というものを数値化することはできない。美しさは個性なのだ。個性的であることを理解できる人間の感性は、AIには到底もつことはできない。

五感

もうひとつ、AIが人間にまだまだ勝てないものが「五感」だ。まさにクオリア（P82参照）である。五感によって得られる質感こそ人間の武器だ。五感を磨き、それを生かす仕事を開拓しよう。

ソウデスカ
ワタシニハ
ワカリマセン
おいしい!

39 ＡＩ時代に人間の直感はあてになる？

ますます野生のカンが求められる時代に

ＡＩ時代を生き抜いていくためには、いささか逆説的ではありますが、**「野生のカン」が必要だと、常日ごろ私は感じています。**

「そんなカンなんて、あてになるの？」と疑問をもつ人もきっと多いでしょう。

でも、先端のＩＴの分野で世界的に活躍している人たちはみんな、いざというときには野生動物のような直感を信じて行動している、といいます。

ジャングルの野生動物たちは、「この果物は食べられるのか」「こいつは危険な動物か」ということを直感で見分けています。その判断が遅れてしまえば、たちまち死んでしまうからです。

これと同じように、ＡＩがさらに発達するこれからは、重要な判断を瞬時に行なわなければならない時代に突入するでしょう。

しかも、判断するスピードもどんどん加速するはずです。

そのスピードについていける直観力が備わっている人が勝ち残っていくのでしょう。

しかし、こうした能力というのは、特別なものではありません。むしろ、人間の脳がもっとも得意とするところでもあるのです。

前にもお話しした、「人間の判断はたったの2秒」（30ページ参照）です。人間の脳は、その直感やひらめきによって、物事の本質を見抜いていくことができるからです。つまり、**ＡＩのようにデータを蓄積しなくても、結論がすぐに出せるというのが人間の強みだということです。**

人間がこれから自分の特性を活かすためには、直感を磨くことが最善の戦略といえそうです。

直感力を磨く方法

これからの時代はAIの進化で物事が進むスピードはどんどん速くなっていく。そんななかでいかに素早く決断、判断するかがカギとなる。直感力を司るのは前頭葉だ。そして判断の材料を提供するのが側頭葉。この2つの働きと連携を強化することで直感力は磨かれる。

❶経験を積み、知識を蓄える

直感的に判断する際の材料になるのは記憶だ。いかにたくさんの判断材料をもっているかが大事になる。だからこそ、経験と知識を蓄えよう。

❷時間をかけずに決断する訓練をする

判断はスピーディーでなければならない。日頃から素早く決断するように心がけよう。たとえば囲碁や将棋など、考える時間に限りがあるゲームを趣味にするのもいい。

❸安易に人に同調しない

最初に発言した人の意見に引きずられる付和雷同型の人が多い。しかし、直感力を磨くには、自分の頭で考えて判断する「批判的思考」が不可欠だ。安易な同調はやめよう。

40 これからの時代はどんな能力が求められる？

人間だけがもつ「身体性」が重要になる

ＡＩ時代に突入し、これからは、スピード感をもって判断し行動する人が求められます。つまり、直感やセンス（感覚）がすぐれている人です。

　では、直感やセンスを磨くにはどうすればいいのでしょうか。

　そのためには、脳科学でいうところの**「身体《しんたい》性《せい》」****（100ページ参照）****が重要になってきます。**

　身体性とは、「自分の身体が自分のものであるという所有の意識」と「この自分の運動を実現させているのは自分自身であるという主体の意識」の2つを指します。

　たとえば、イギリスのエリート教育では、サッカーやラグビーを体験させることで、直観やセンスを磨いているそうです。なぜなら、サッカーやラグビーの競技では、0コンマ何秒という時間でどういうプレーをするか判断しなければ間に合わないからです。それには、直感以外にありません。

　これと同じように、ビジネスエリートといわれる人は、**スポーツにおける身体性を伴った直感が、センスを磨くうえでも非常に大事なポイントだということを、十分に理解しています。**

　身体性は激しいスポーツのなかでだけ鍛えられるわけではありません。

　ジョギングや散歩で風に季節の変化を感じたり、大好きな店の味にほっこりとしたり、空を見て天気の変化を予測したり、人と会って話をしたり、そんな日常の些細なことでも身体性を鍛えています。このように、**知識ではなく、自分の身体を使って感じ、考える習慣をつけることで身体性は磨かれていくのです。**

AI時代に求められる人間の能力

今後AIがますます進化することは間違いない。それを踏まえ、いまから準備をしておこう。そうすることでAI時代をよりよく生き抜くことができるはずだ。

「身体性」を向上させる

決断と行動とは理屈ではなく、身体性の問題だ。そして、身体性は学習や知能の構築にもよい効果をもたらす。身体性を磨くには、ランニングがいい。習慣化することで行動力も養える。

知識や教養、肩書きや組織に依存しない

AI研究の最先端をいくアメリカでは実力を重視する考えかたをする。これからは頭脳の面においてはAIが担当してくれるので、学歴も肩書きも必要なくなる。それよりも人間にしかできない分野での実力が大事なのだ。

不特定多数の人と自由にコミュニケーションをとる

人間の最大の武器はコミュニケーションが取れることだ。現代は、SNSによって世界中の不特定多数の人と対話できる。積極的に人と関わり、コミュニケーション力を磨いていこう。

column

人間だけがもっている「身体性」とは？

「身体性《しんたいせい》」とは、哲学、宗教、心理学、認知科学、人工知能、脳科学などさまざまな分野で、その定義は異なります。本文では、脳科学の見地から解説しました（P98 参照）。

身体性をもう少しわかりやすくいうならば、スポーツをするとき、身体の各部位を通して外部を理解し、重心をとったり筋肉を動かしたりします。弦楽器を演奏するときは指先に弦を感じ、耳で音を聴いて奏でます。

こうした身体で感じるものを「身体性によるもの」といいます。

私たち人間は進化の過程でさまざまな環境のなかで生き、環境の一部として身体で感じ、思考し、進化してきました。つまり、身体なくして知性は生まれなかったのです。

近年は技術の発展により、遠く離れた人たちとも一瞬でコンタクトがとれるようになりました。自宅にいながらにして世界中の情報をキャッチできます。しかし、便利になった一方で、身体性を伴わない関係性は、さまざまな弊害をもたらしています。

実態を伴わない情報によって創造された思考ばかりでは、脳はバランスを崩してしまいます。AIが台頭してくるであろう時代だからこそ、私たち人間は生の体験から感じた情報を脳にインプットすることが、これまで以上に重要になってくるのではないでしょうか。

第5章

脳の働き

脳機能の一部を覗いてみよう

41 人間の生命活動全体の司令塔・脳

大きく3つの領域が独自の役割をもって連携

脳は、全身のさまざまな器官をはじめ、運動、言語、思考を管理し、コントロールしている、言わずもがなの人間の生命活動全般の司令塔です。**脳は、大脳《だいのう》、小脳《しょうのう》、脳幹《のうかん》の大きく3つの領域で成り立っていて、さらに細かい部位に分かれています。**

脳の部位で1番大きいのが大脳で、全体の約85%を占めていて、小脳は約10%占めています。

大脳の働きは、感覚、思考、感情、記憶といった精神や肉体の活動を制御することにあります。

小脳は、体の平衡《へいこう》感覚の保持や運動の円滑化など、運動学習の中枢を担っています。

脳幹とは、間脳《かんのう》、中脳《ちゅうのう》、橋《きょう》、延髄《えんずい》をまとめた部分をいい、呼吸や睡眠、心拍数の調整など、無意識的生命活動の中枢を担っています。つまり生命維持に欠かせない領域ということです。

脳のそれぞれの部位は独自の役割をもっていて、それらが連携し、全体として生命活動の司令塔となっています。

脳のそれぞれの部位をつないでいるのが、神経《しんけい》細胞《さいぼう》（ニューロン）です。

神経細胞については次項でもう少し詳しく解説しますが、脳には数百億から1000億個以上の神経細胞があるといわれていて、**この神経細胞が網目のように結びついて構築した、巨大なネットワーク（神経回路《しんけいかいろ》）によって脳は膨大な情報を処理し、記憶を定着させ、思考しています。**

そして、1章の第1項でも話しましたが、この神経細胞のネットワークに乗って情報が行き交うことで、意識や感情が生まれているのです。

脳（大脳、小脳、脳幹）の仕組み

大脳 ●心と体の司令塔

記憶・思考・感覚、運動・情動などに関わる。

➡ **精神と肉体の活動を制御する中枢！**

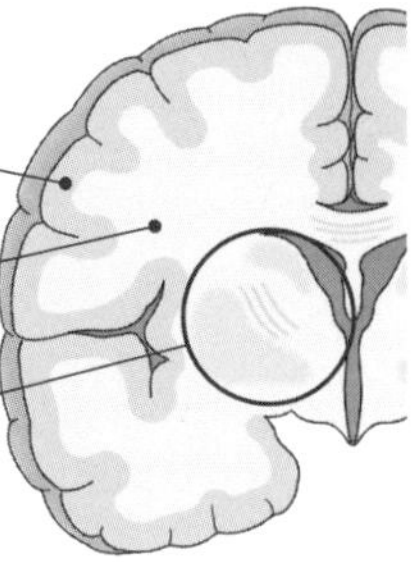

大脳皮質《だいのうひしつ》
髄質《ずいしつ》
大脳基底核《だいのうきていかく》

全体の 85%

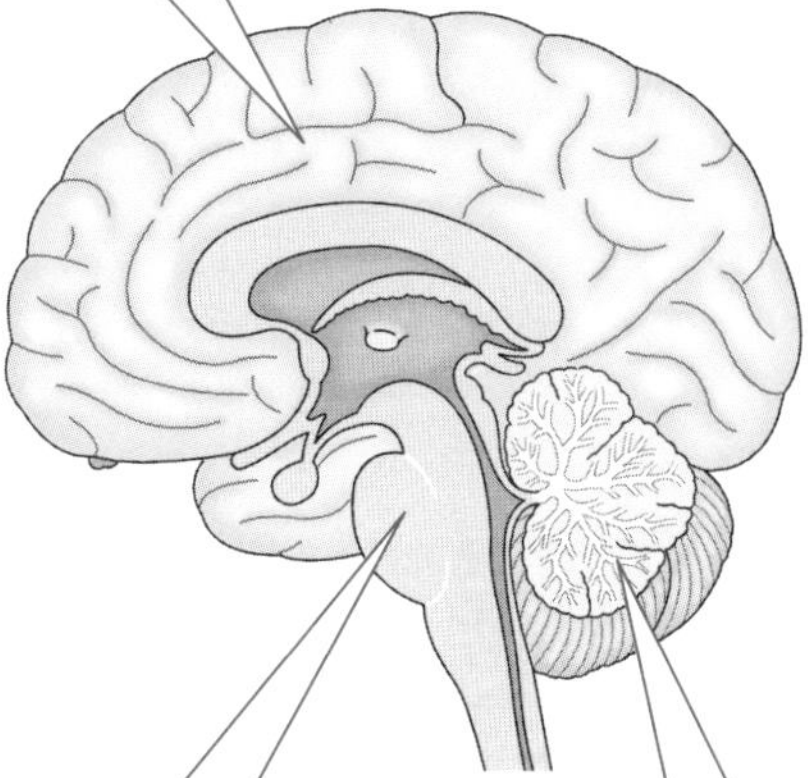

全体の 10%

脳幹 ●生命維持機能

呼吸・心拍数・体温・睡眠などの調節に関わる。

➡ **無意識下に行なわれる生命維持活動の中枢！**

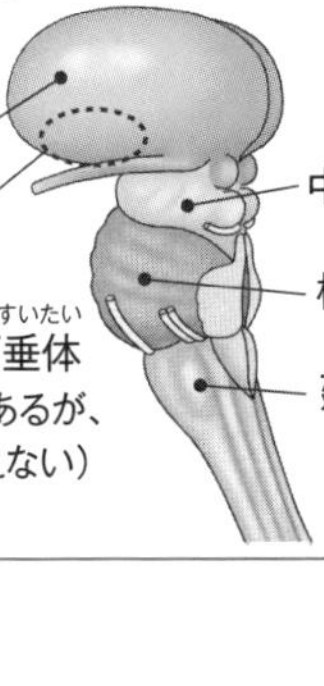

間脳
視床《ししょう》
視床下部《ししょうかぶ》・脳下垂体《のうかすいたい》
（※視床の下にあるが、この図では見えない）
中脳
橋
延髄

小脳 ●運動調節機能

平衡感覚・円滑な運動・姿勢維持などに関わる。

➡ **運動学習の中枢！**

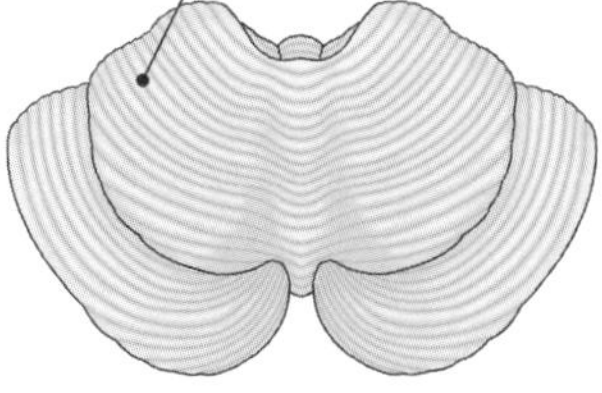

神経細胞が密集する小脳皮質《しょうのうひしつ》で覆われている

（※背側から見た小脳）

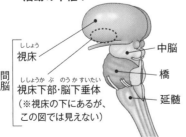

42 脳内をつなぐネットワーク・神経回路

複雑な機能を可能にするのは神経細胞

脳は主に、神経細胞（ニューロン）とグリア細胞（神経膠細胞《しんけいこうさいぼう》）の2種類の細胞で構成させています。配分はグリア細胞が約90％で、神経細胞は約10％程度です。

しかし、**この10％しかない神経細胞が、情報処理や興奮の伝達という、脳のもっとも重要な機能を支えているのです。**

神経細胞同士は複雑に接合し、情報を伝え合うことで、巨大なネットワークをつくりあげています。これを神経回路といいます。

私たちが外部から何らかの刺激を受けたとき、集中して何かを考えているとき、脳内では神経回路が情報処理や情報交換のために忙しく活動します。

神経細胞は、樹状突起《じゅじょうとっき》と呼ばれる突起が数多くあり、この突起が、ほかの部位やほかの神経細胞から情報を集めます。その情報は細胞体から長い軸策《じくさく》のなかを電気信号となって通り、神経終末《しんけいしゅうまつ》に伝わります。神経終末に届いた情報は、電気信号から化学物質（神経伝達物質）による信号に代えられ、ほかの神経細胞や体組織へ伝えられます。そして受け取った側の神経細胞では、その刺激が再度電気信号に代えられて、神経細胞内を伝わっていくのです（左ページ参照）。

一方、グリア細胞は、神経細胞を空間的に支えたり、栄養を与えるなど、神経細胞の補助的な役割しかないと思われていましたが、**グリア細胞がないと脳が正常に働かないことから、現在では情報処理にも深く関わっていると考えられるようになりました。**

神経細胞が情報を伝えるメカニズム

神経細胞のネットワーク

無数の神経細胞が神経終末部分で情報を伝えている。その結合部のことをシナプス間隙《かんげき》という。

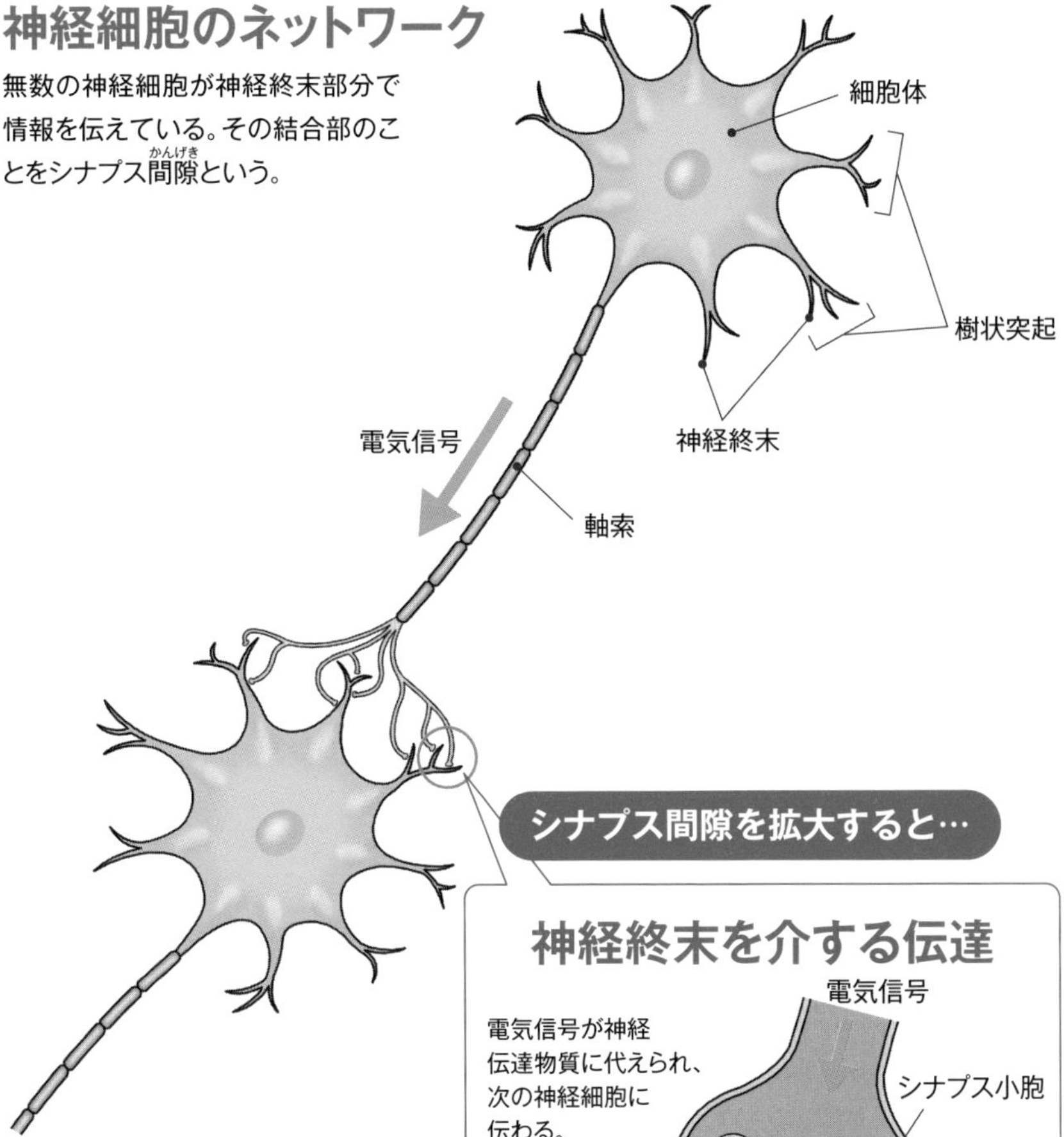
細胞体
樹状突起
神経終末
電気信号
軸索
シナプス間隙を拡大すると…

神経終末を介する伝達

電気信号が神経伝達物質に代えられ、次の神経細胞に伝わる。

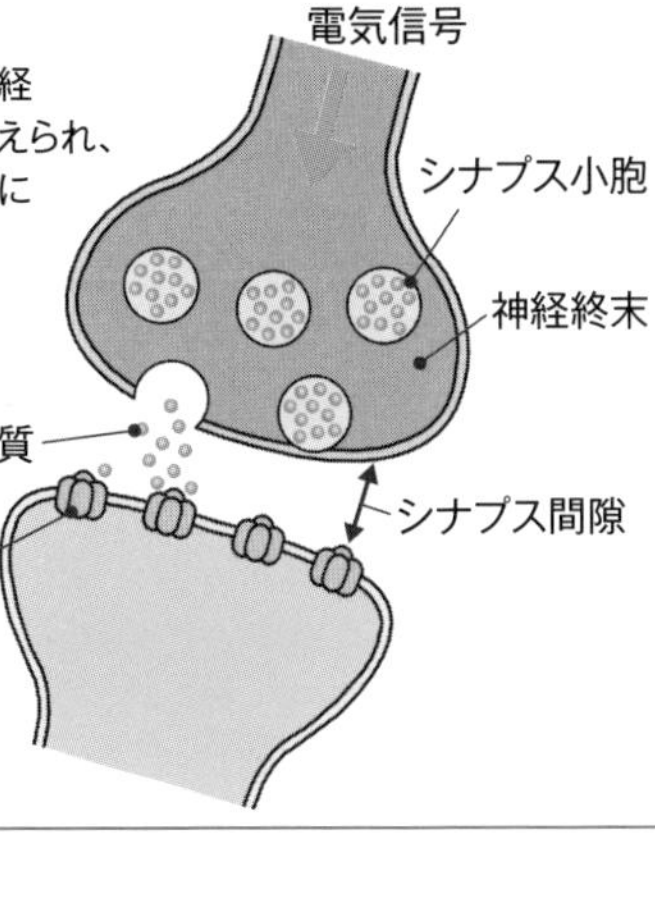
電気信号
シナプス小胞
神経終末
神経伝達物質
シナプス間隙
受容体

43 心と体の状態に大きく関わる・神経伝達物質

神経伝達物質の質と量で心の状態が決まる

神経細胞間で情報をやり取りする際、神経細胞同士は直接結合することはありません。両者の間には20〜30ナノメートルという、ほんのわずかなすき間があります。

このすき間をシナプス間隙《かんげき》といいます。

神経細胞内を電気信号で通ってきた情報は、神経終末部分で、神経伝達物質という化学物質に代えられて、シナプス間隙に放出されます。なお、脳のなかには、何種類もの神経細胞があり、それぞれが出す神経伝達物質は1種類です。

一方、情報を受け取る側の細胞の先端には、いくつもの受容体《じゅようたい》があり、それが放出された神経伝達物質を受け取ります。それぞれの受容体にはぴったりと合う神経伝達物質が決まっています。

神経伝達物質によって伝えられた情報は、受容体と結合後、再度電気信号に代えられます。

神経伝達物質は、脳内ホルモンとも呼ばれるもので、その種類と量によって、そのときの心の状態が決まります。

本来、脳の興奮の程度は神経伝達物質によってバランスが保つようコントロールされていますが、強いストレスなどが原因で、神経伝達物質の量の過不足が生じます。場合によっては心の病を発症することがあるといわれています。

ですから、1章の6項でも話しましたが、ときには何も考えない時間をつくって、デフォルト・モード・ネットワーク（DMN）で脳内を整理整頓することも大事です。

そうすることで神経伝達物質の過不足も整い、心の健康を取り戻せるのです。

神経伝達物質の種類と働き

主な神経伝達物質

アセチルコリン

神経を興奮させ、意識、知能、覚醒、睡眠などに関わる。大脳皮質と大脳基底核に多く含まれる。

ドーパミン

脳を覚醒させ、精神活動を活発にする。快感、喜びなどと関わる。大脳基底核でつくられる。

ノルアドレナリン

強い覚醒力があり、注意、不安などに関わる。脳幹でつくられる。

セロトニン

過剰な脳の覚醒や活動を抑える。脳幹でつくられる。

GABA（ギャバ）

血圧を下げるなど、精神安定に効果がある。海馬、小脳、大脳基底核などに含まれる。

β《ベータ》エンドルフィン

モルヒネに似た鎮痛効果があり、脳内麻薬と呼ばれる。脳下垂体などに含まれる。

オキシトシン

愛情や信頼感などと関わる。母乳の分泌促進作用もある。脳下垂体でつくられる。

神経伝達物質によって保たれるバランス

それぞれの神経伝達物質がバランスよく働くことで、心が安定する。

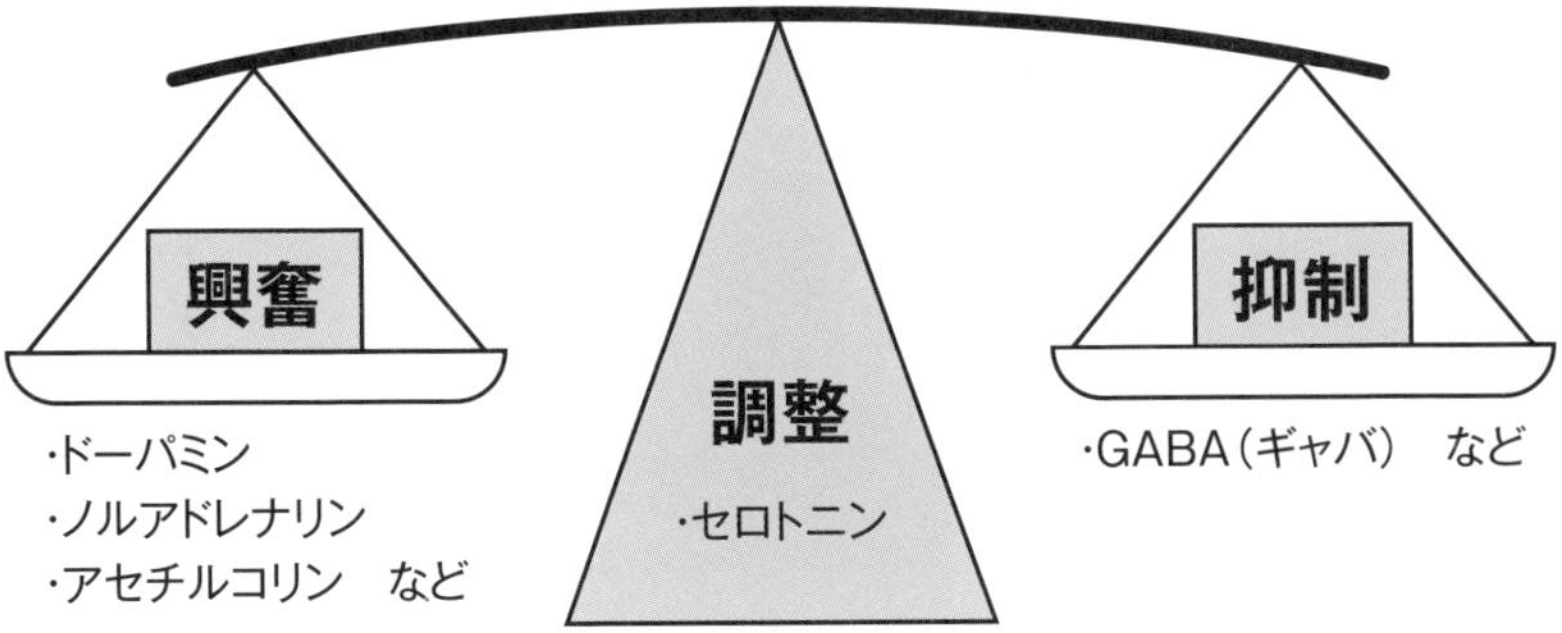
興奮
・ドーパミン
・ノルアドレナリン
・アセチルコリン　など
調整
・セロトニン
抑制
・GABA（ギャバ）　など

44

神経細胞が凝集した皮質が機能の中枢

領域ごとに異なる機能を担っている大脳皮質

大脳は左右の半球《はんきゅう》に分かれています。**左半球は左脳《さのう》、右半球は右脳《うのう》と呼びます。**右脳と左脳は、ほぼ同じ大きさ・形をしていますが、左右対称に各部位が配置されているというわけではなく、機能に違いがあります（詳しくは次項）。

余談ですが、左脳と右脳に機能の違いがあることから、人を「左脳派」「右脳派」に分ける診断がありますが、脳科学的にはこれは意味がありません。右脳と左脳は約2億本の軸索の束である脳《のう》梁《りょう》でつながっており、お互いに情報交換しながら働くので、どちらか一方の脳しか働いていないということはあり得えないからです。

左右の半球は脳溝《のうこう》と呼ばれる深い折れ目を境に4つの葉《よう》に分かれます。

大脳の表面は、厚さ3ミリほどの大脳皮質《だいのうひしつ》という神経細胞が凝集した組織で覆われていて、これが私たちの知的活動を支えている中枢になります。

大脳皮質の容積の3分の1を占めるのが、前頭《ぜんとう》葉《よう》です。前頭葉は神経回路全体の指揮者といえる部位で、思考や判断など高度な知的活動を司っています。前章で触れた、集中する回路やひらめきの指示を与えるのも前頭葉です。

頭頂葉《とうちょうよう》には、痛みや温度などの皮膚感覚《ひふかんかく》（体性《たいせい》感覚）を司る体性感覚野があり、側頭葉《そくとうよう》には聴覚《ちょうかく》野《や》が、後頭葉《こうとうよう》には視覚野《しかくや》があります。

このほかに大脳の中央部には感情システムを調節する大脳辺縁系《だいのうへんえんけい》や、小脳とともに働いて体の動きを調節する大脳基底核《だいのうきていかく》などがあります。

このように、さまざまの部分が役割分担をしながらも協調して働くのが大脳の特徴です。

大脳の役割分担による働き

運動野・運動連合野

各部の筋肉の動きを制御、支配する。脳幹と脊髄の運動神経に信号を送って動きの指令を出す。

体性感覚野・体性感覚連合野

皮膚、筋肉、関節などから伝わった感覚情報（触覚、痛覚、温度など）を受け、認識、判断する。

頭頂連合野《とうちょうれんごうや》

視覚や体性感覚に基づいて、どこに何があるといった空間的な位置関係を理解する。

前頭前《ぜんとうぜん》野《や》

大脳全体の活動を調節する脳の最高中枢。思考や創造と深く関わる。前頭連合野とも呼ばれる。

聴覚野・聴覚連合野

耳の奥の蝸牛（かぎゅう）が受け取った音や言葉などの聴覚情報を受け、認識、判断、記憶する。

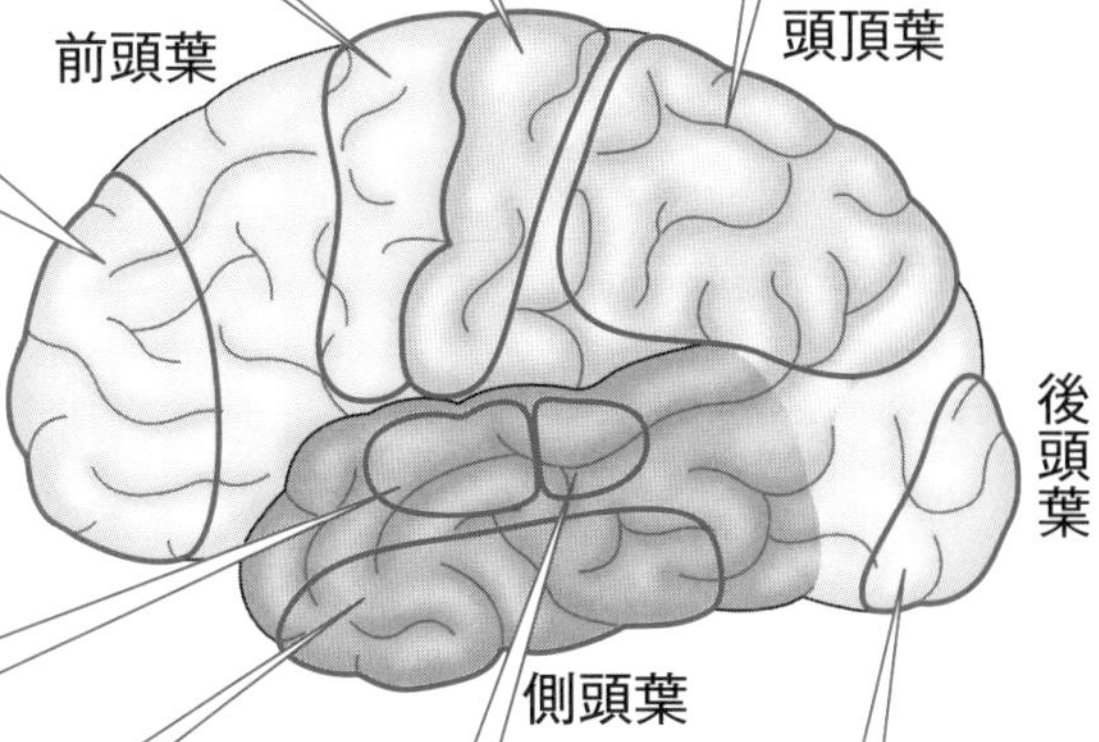

側頭連合野

視覚野や聴覚野から受け取った情報を統合し、色、形、音を認識する。記憶や言語の理解などにも関わる。

感覚性言語《かんかくせいげんご》野《や》

聞いた言葉の意味を理解する。ウェルニッケ野とも呼ばれる。ふつうは右脳より左脳のほうが広い。

視覚野・視覚連合野

目で見た情報（網膜が信号に変換した視覚情報）が最初に届き、それを受け取って認識、判断、記憶する。

※このほかにも、嗅覚野、味覚野、運動性言語野などがある。

大脳皮質は部分ごとに異なる機能を担っている！

45 右脳と左脳の役割分担とバランス

言語野のありかたが人の特性を決定づける!?

右脳と左脳は、運動や感覚に関する働きに差はありませんが、知的な働きでは違いがあります。

一般的には、**左脳は言語や計算など、論理的な機能を担っていて、右脳は空間認識や技術的な作業など、直感的な機能を担っています。**

この違いは、言語活動を司る言語野《げんごや》が、左脳のほうに大きく偏って存在していることから現れるものと考えられています。ただし、少ないながらも右脳に言語野が存在する人もいるので、全ての人に当てはまることではありません。

人は、脳を左右均等に使っているわけではなく、そのバランスはそれぞれです。人によって得意不得意が違うのも、こういったことが関係しているのかもしれません。

また、**人の体は、右脳が左半身を、左脳が右半身を動かす仕組みになっています。**脳から全身へ走る神経が、延髄のところで左右に交差しているのでそのようになるのです。

このような「交差支配《こうさしはい》」は、目でも行なわれていて、視野の右側は左脳で、左側は右脳で情報の処理がなされています。

右利きの人のほとんどは左脳に言語野がありますが、左利きの人の場合、言語に関する活動は左右の脳にまたがることがあることが知られています。

このような脳活動の特徴が、左利き、あるいは両利きの人のなかに、たとえばレオナルド・ダ・ヴィンチのような独創的な天才が時折見られることと関係している可能性があります。

プロの運動選手でも、訓練して両利きにする人もいて、特別な能力と関係があるのかもしれません。

右脳と左脳の役割分担

右脳と左脳の働き

左脳

- 言語
- 論理
- 計算

などに優れる

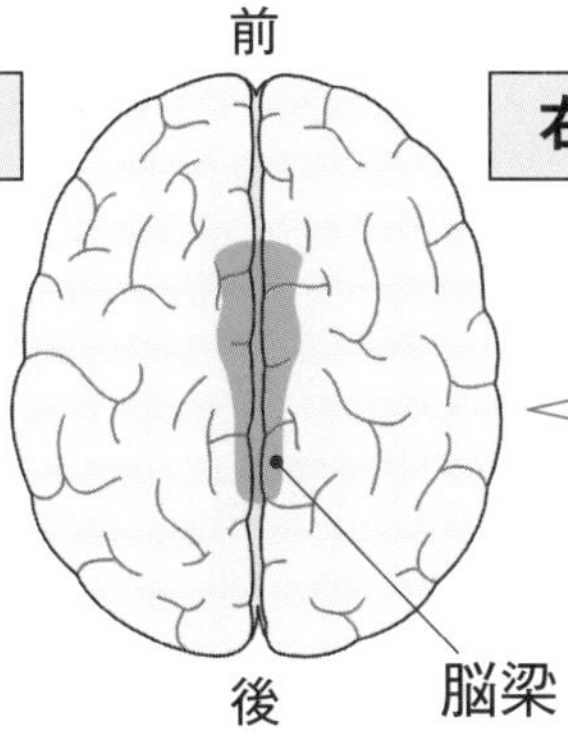

右脳

- 空間認識
- 芸術的感覚

などに優れる

脳から末梢へ向かう伝達路

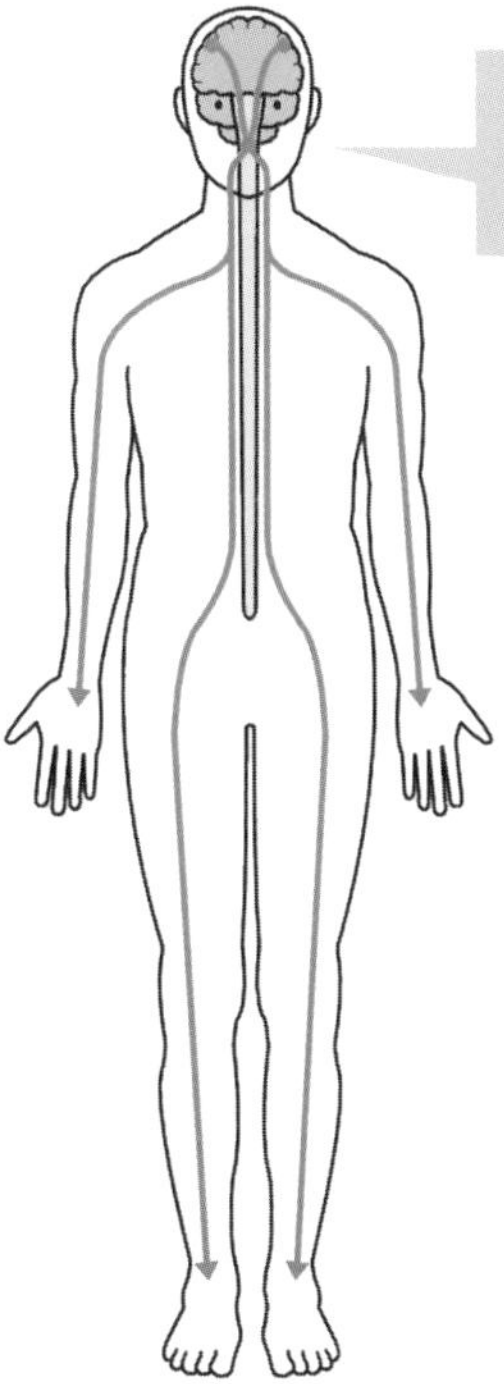

神経の伝達路が延髄で交差し、左右反対になる

利き手と右脳・左脳の関係

右利きの人は左脳がよく働いている。

左利きの人は右脳がよく働いている。

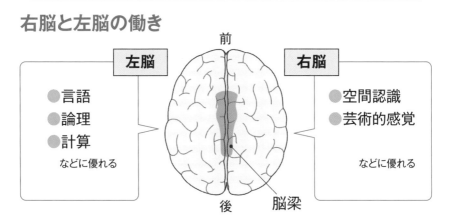

46 大脳の司令塔を務める前頭前野

人間らしい高度な精神性をつくる重要部位

前頭葉には、運動機能を司る運動野《うんどうや》、会話をするために重要な働きをする運動性言語野《うんどうせいげんごや》（ブローカ野）、思考や判断など高度な知的活動を司る前頭前野《ぜんとうぜんや》があります。なかでも前頭前野は大脳の働きを知るうえで、もっとも重要な部位です。

前頭前野は、側頭連合野《そくとうれんごうや》、頭頂連合野《とうちょうれんごうや》をはじめさまざまな大脳の部位から情報を集め、それらを基に、認知・実行する機能があります。この機能により前頭前野は、目的に応じて計画的に行動を決定したり、新しいものを創造したりすることができます。脳が体の司令塔なら、前頭前野は大脳の司令塔とも呼べるでしょう。

前頭前野の働きの様子を左ページの具体例で見てみましょう。この例は、車を運転中に赤信号で停車していた人が、信号が青に変わったのを見て車を進めたという場面です。**前頭前野の重要な働きによって、大脳が情報処理→判断→命令→実行の流れを生んでいることがわかります**（実際は、もっと多く複雑に脳と神経が働きますが、わかりやすくするために簡略化しています）。

また、前頭前野は、喜怒哀楽の感情や意欲にも関わりがあることがわかっています。

たとえば、大脳の奥にある扁桃体《へんとうたい》という「快・不快」「恐い・恐くない」などの感情を司る部位にも、情報を送ってその判断に影響を与えています。前頭前野が送る情報は、大脳内にあるさまざまな情報を検討して得た判断の情報ですので「理性」ともいえるものです。**前頭前野は、感情に流されない人間らしい大人な活動をつくりだすという、高度な役割を担っているというわけです。**

「大脳の司令塔」としての前頭前野

信号機が青になる

青信号を見て「進む」と判断

青信号の情報が視覚野に入る。そこで情報が色、形、動きなどに分解され、各部に送られる。頭頂連合野では自分のポジション、側頭連合野では信号が青に変わったことが認識され、その情報が前頭前野に入る。前頭前野は同時に「青は進め」という知識も受けており、「進む」と判断する。

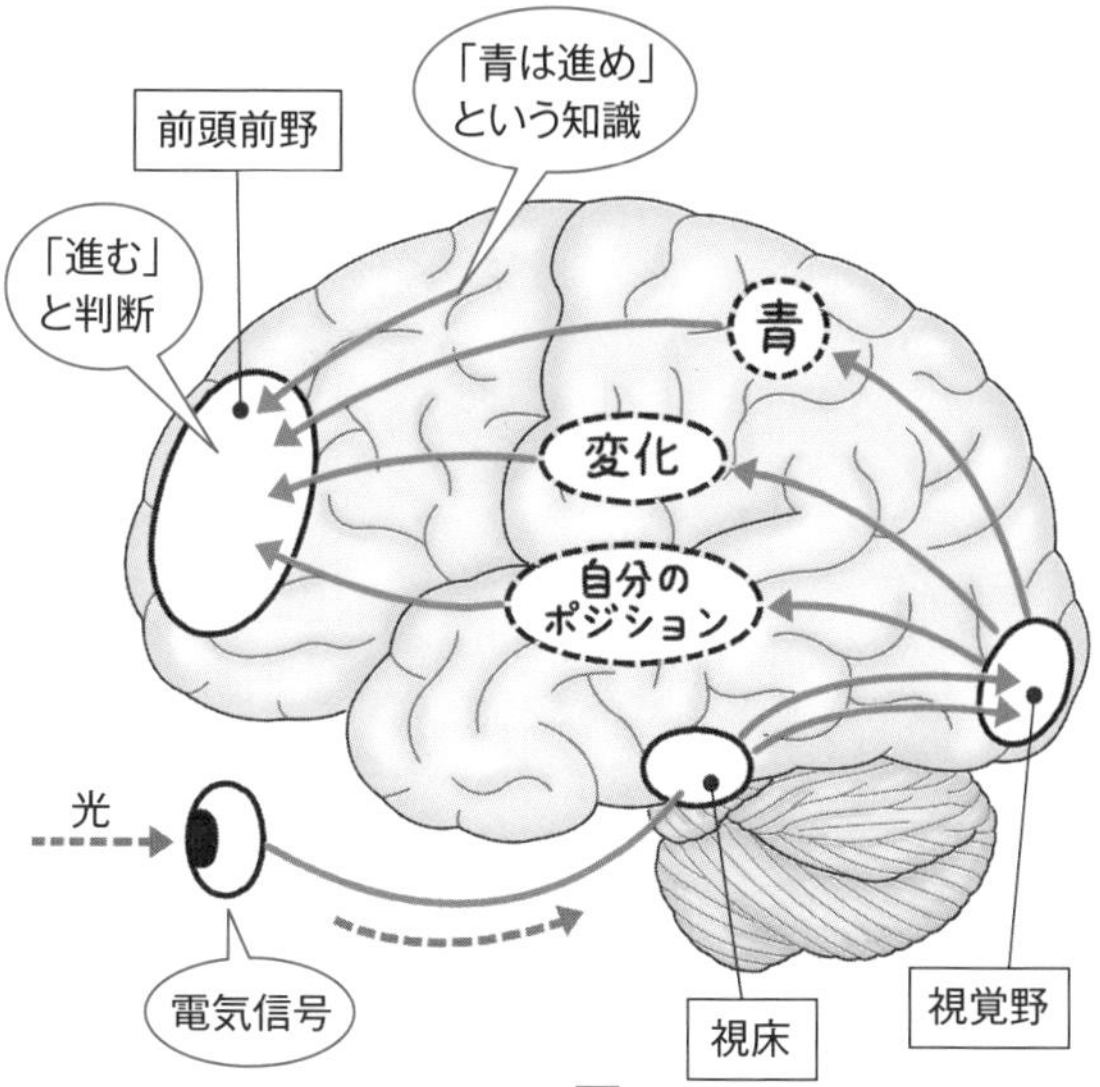

「青は進め」という知識
前頭前野
「進む」と判断
青
変化
自分のポジション
光
電気信号
視床
視覚野

車を進める

アクセルを踏む命令を出し、実行

前頭前野は運動連合野に「進め」と命令を出す。運動連合野はアクセルを踏む運動をプログラムする。それに基づいて運動野が体に筋肉を動かす指令を出し、アクセルが踏まれる。この間、小脳は動きのズレを補正する。

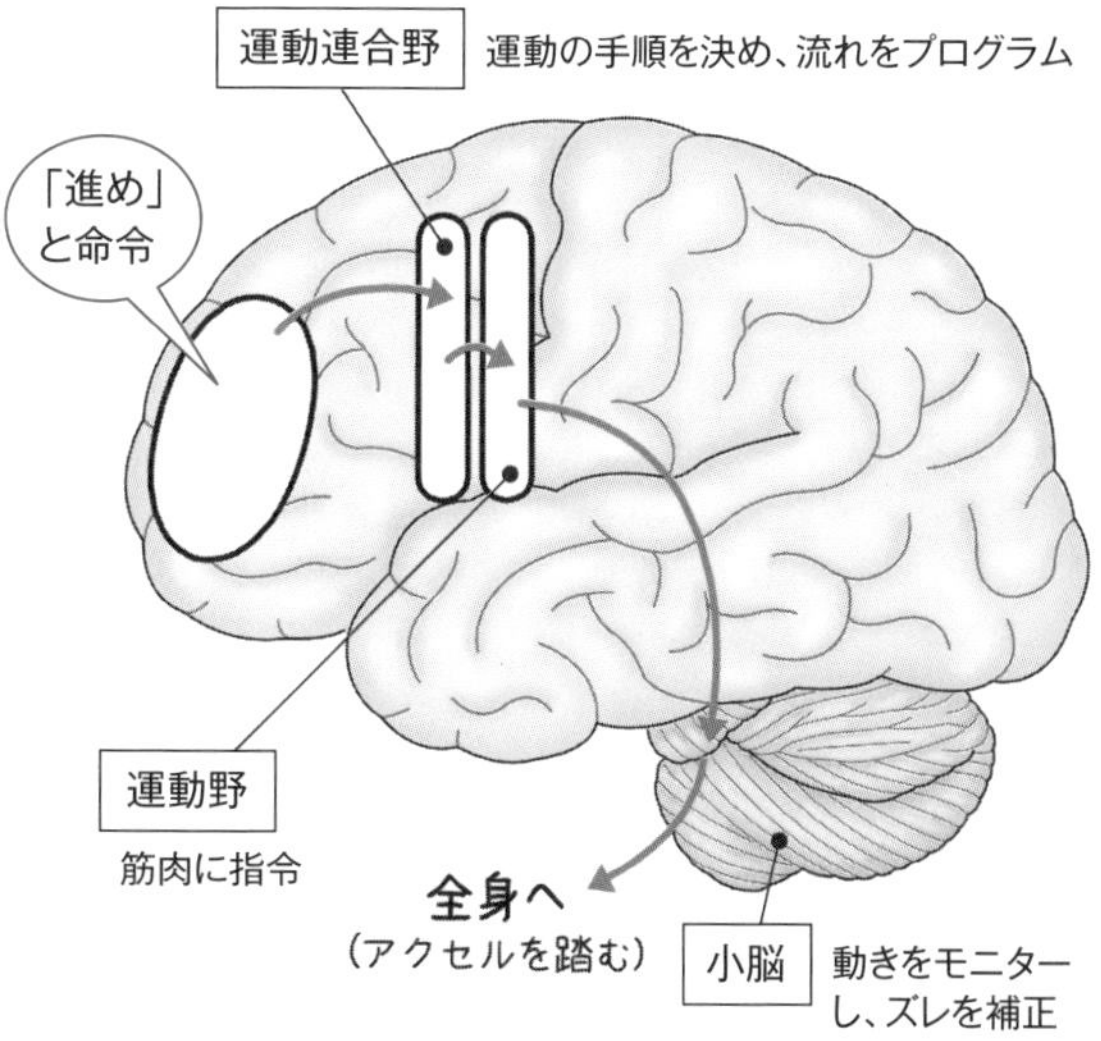

運動連合野
運動の手順を決め、流れをプログラム
「進め」と命令
運動野
筋肉に指令
全身へ
（アクセルを踏む）
小脳
動きをモニターし、ズレを補正

作図資料：富永裕久 著・茂木健一郎 監修『目からウロコの脳科学』（PHP研究所）

47

欲求や恐怖など原始的な心をつくる大脳辺縁系

生きていくために発達を遂げてきた「動物の脳」

これまで述べてきたように、大脳皮質は、認知、思考、判断、言語など知的で高度な精神活動を司りますが、**大脳皮質の内側にある大脳辺縁系は、食欲、性欲などの欲求、快不快や恐怖などの無意識にわいてくる原始的な感情を司ります。**

同じ大脳でも、知的な働きを担う大脳皮質は、新皮質《しんひしつ》と呼ばれ「人間ならではの脳」といわれますが、これに対し、原始的な大脳辺縁系は、旧皮《きゅうひ》質《しつ》・古皮質《こひしつ》と呼ばれ「動物の脳」といわれます。

大脳辺縁系は、進化の古い段階にできた脳で、進化の過程で人間がたどってきた爬虫類や旧哺乳類がもつ脳が残っています。

大脳辺縁系にある海馬《かいば》は爬虫類の時代から残る古皮質に、同じく扁桃体や側坐核《そくざかく》は旧哺乳類の時代から残る旧皮質に属します。

大脳辺縁系は、左右の脳をつなぐ脳梁を取り囲むように存在し、帯状回《たいじょうかい》、側坐核《そくざかく》、扁桃体、海馬などの部位から構成されます。そして、それぞれ左ページに示したような働きをもっています。

どれも動物が生きるうえで、欠かせない働きです。動物実験で、扁桃体がなくなったサルは恐れて遠ざからなければならない天敵のヘビに対して、無関心になってしまいました。

また、海馬が傷ついた人は、昔の記憶は覚えていても、新しいことが覚えられなくなってしまうことがあります。

なお、大脳辺縁系の近くには、臭いの情報処理をする嗅球《きゅうきゅう》などの嗅脳《きゅうのう》が存在しており、**臭い情報は海馬や扁桃体にも伝わり、記憶や感情が呼び起こされることがわかっています。**

大脳辺縁系の構造

**大脳辺縁系は大脳新皮質の内側に位置し、
大脳基底核（次項参照）を囲むように存在する**

帯状回
扁桃体からの快不快などの情報や、視床下部からの欲求を取りまとめて大脳皮質に伝える。動機づけなどに関わる。脳梁を覆うように位置する。

脳弓《のうきゅう》
乳頭体と海馬をつなぐ神経線維の束。弓のような形状。

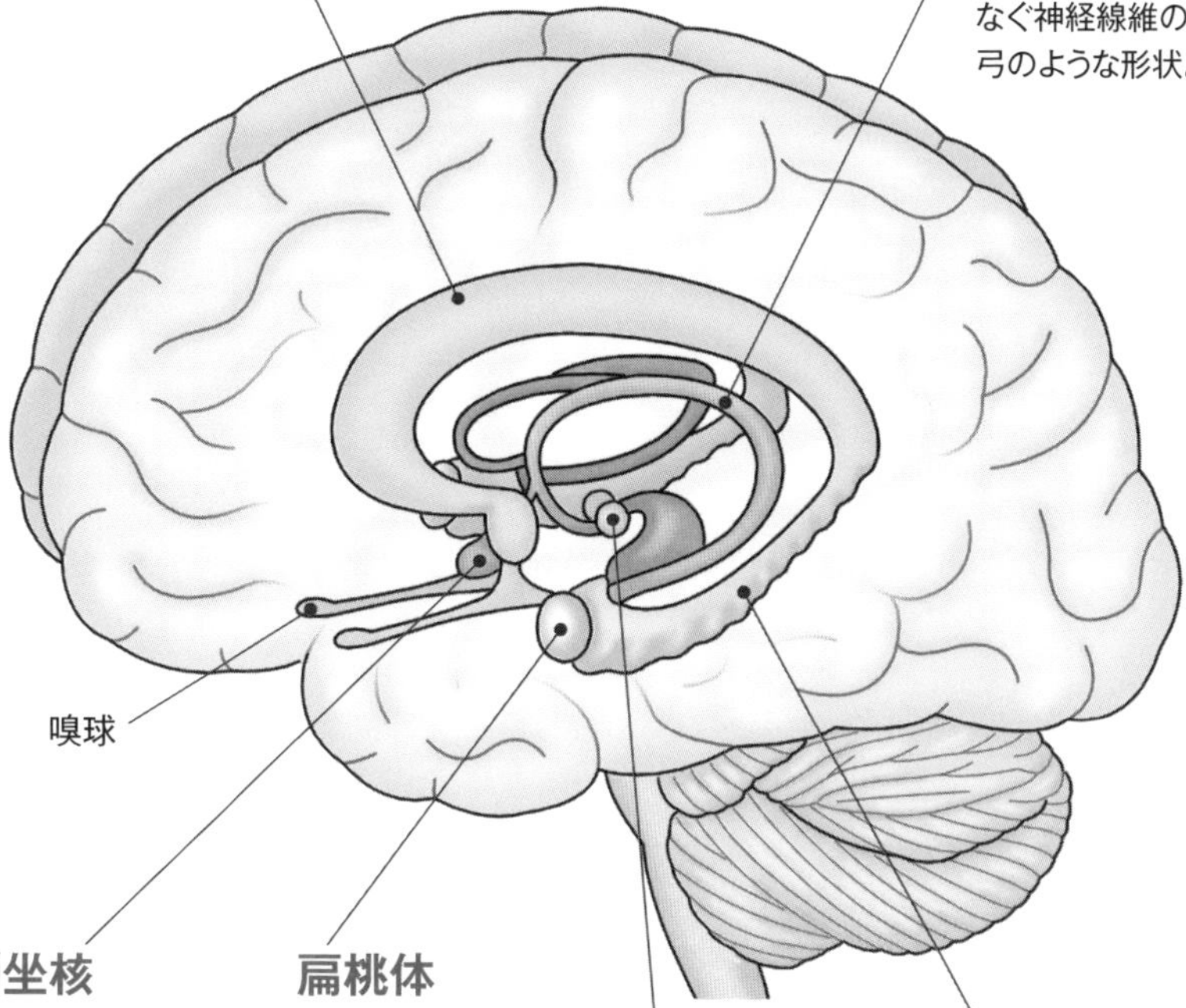

側坐核
前頭前野の活動を支援し、やる気に関わる。GABA（ギャバ）を産生する。

扁桃体
快不快、好き嫌い、恐怖など原始的な感情に関わる。アーモンド（扁桃）のような形状。扁桃核とも呼ばれる。

乳頭体《にゅうとうたい》
海馬や視床などと連携し、記憶の形成に関わる。

海馬
記憶に深く関わる。タツノオトシゴ（海馬）のような形をしていることからこの名がついた。

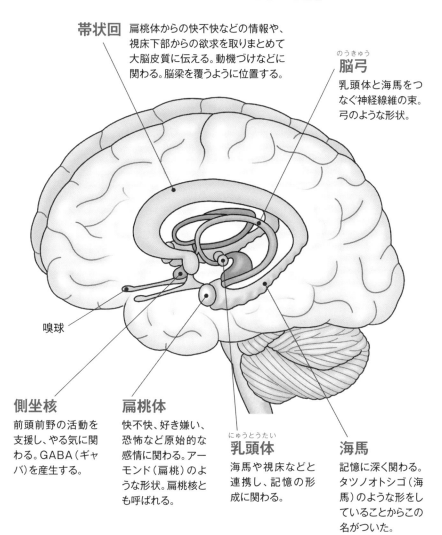

48 動作を洗練させる大脳基底核の働き

大脳の最奥部にある運動を調節するネットワーク

大脳辺縁系のさらに内側で、脳幹最上部の視床《ししょう》を取り囲むように存在しているのが大脳基底核です。**大脳基底核は、情報伝達の中継や分岐を行なう神経核の集まりで、大脳皮質と視床（体から入ってきた感覚情報を大脳皮質に中継する）をつなぐネットワークを結んでいます。**

大脳基底核は、線条体《せんじょうたい》（尾状核《びじょうかく》と被殻《ひかく》）、淡蒼《たんそう》球《きゅう》、視床下核《ししょうかかく》、黒質《こくしつ》などの部位で構成されています。

線条体は、大脳皮質（前頭葉や頭頂葉）からの電気信号の入力を受け、中継する役割をし、淡蒼球は、線条体から受けた信号を視床に出力します。視床は大脳皮質に信号を返します。

この神経回路は、運動の開始や停止のほか、運動を学習する機能をもつと考えられています。大脳皮質からの指令に基づいて正しい動きができたとき、報酬として黒質からドーパミンが放出される仕組みになっており、この積み重ねで動作が洗練化されていくというわけです。

大脳基底核が傷ついてしまうと、手足が勝手に動いたり、じっとしていられなくなるというような障害が起こります。動作が鈍くなったり、徐々に体が動かなくなるパーキンソン病は大脳基底核の損傷で生じる病気です。パーキンソン病は、黒質のドーパミンが欠乏して大脳皮質に送る信号が弱まることで、体が動かなくなる病気ですので、ドーパミンの薬物投与が治療に役立ちます。

なお、大脳基底核の働きの全貌はまだ明らかにされていません。記憶、認知機能、顔の表情にも関わっていると考えられています。

大脳基底核の構造

大脳基底核は大脳辺縁系の内側、小脳の上に位置し、間脳の一部である視床を囲むように存在する

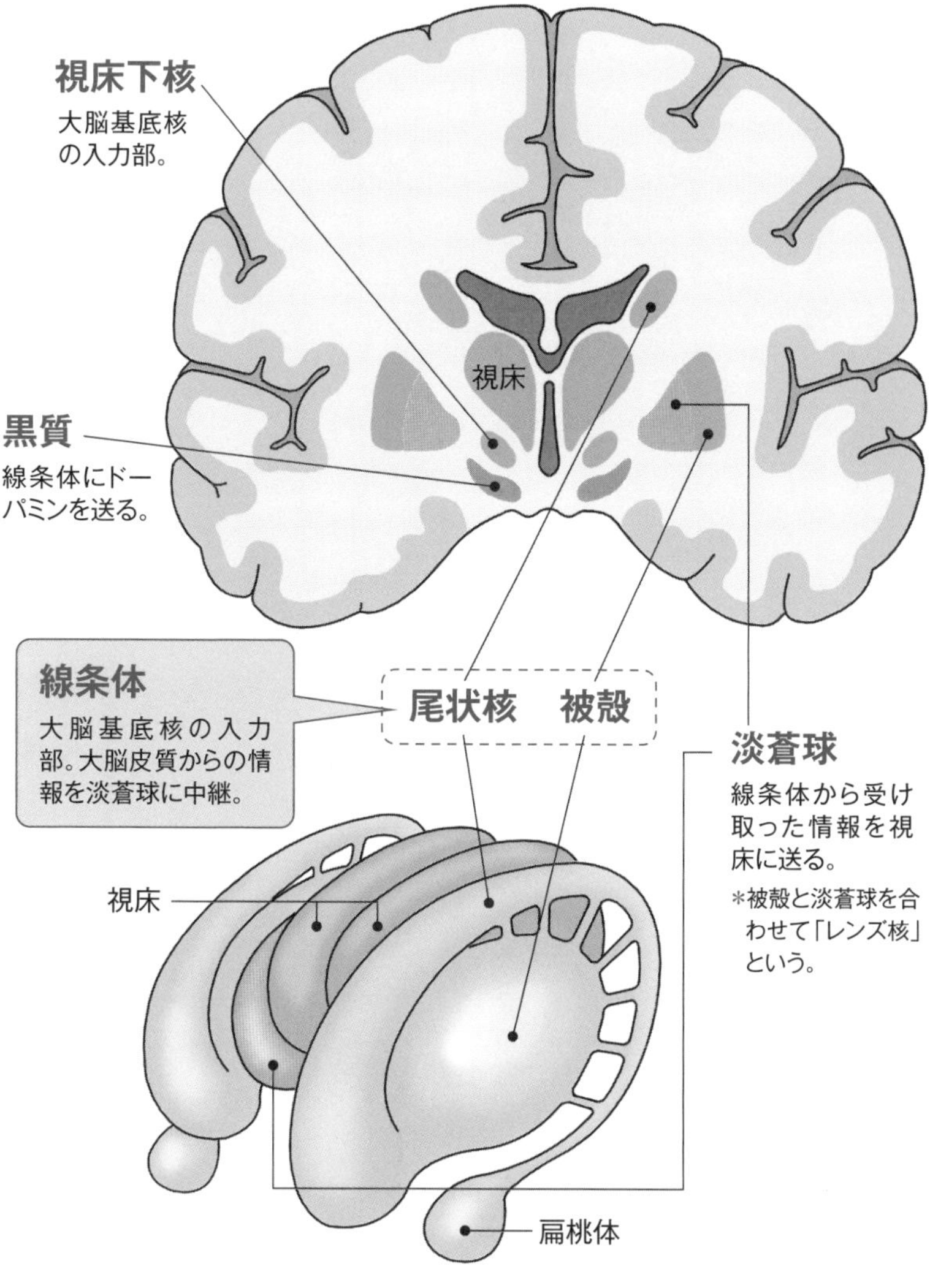
視床下核
大脳基底核の入力部。
視床
黒質
線条体にドーパミンを送る。
線条体
大脳基底核の入力部。大脳皮質からの情報を淡蒼球に中継。
尾状核
被殻
淡蒼球
線条体から受け取った情報を視床に送る。
*被殻と淡蒼球を合わせて「レンズ核」という。
視床
扁桃体

49 大脳の働きでさまざまな記憶がつくられる

人はいろんな種類の記憶を使って生きている

記憶は、覚えておける期間によって、短期記憶と長期記憶に分けられます。

短期記憶は、たとえば、出前を注文するときに一時的に覚える店の電話番号のようなもので、何かの作業をするときだけの短い期間の記憶です。

長期記憶は内容によって陳述記憶《ちんじゅつきおく》と、非陳述記《ひちんじゅつき》憶《おく》に分けられます。

陳述記憶は、言葉でいい表すことができる記憶で、エピソード記憶と意味記憶に分けられます。

エピソード記憶は、実際に体験した出来事の記憶です。感覚や感情も深く関連する長期間忘れない記憶です（脳の発達が未熟な3歳ごろ以前の幼児にはありません）。意味記憶は、くり返し反復して覚えた記憶、いわば「知識」のことです。使わないでいると思い出せなくなります。

こうした記憶の形成には、大脳辺縁系の海馬が深く関わっています。

見たり聞いたりして脳に入った情報は、海馬に短期記憶として一時的に保存されたのち、消去されます。しかし、**海馬は、記憶を整理して覚えるべきものとそうでないものを選別し、覚えられるべきと判断した情報を大脳皮質に送ります。**そこで記憶が固定され、長期記憶として保存されることになります。

脳をコンピュータにたとえるとすれば、海馬はメモリー、大脳皮質はハードディスクに相当するといえるでしょう。

一方、**非陳述記憶は、運動が伴う記憶で、手続き記憶と呼ばれます。**こちらは海馬でなく、大脳基底核と小脳が中心となって記憶を形成します。

記憶の分類と種類

- **記憶**
  - **短期記憶** 何かの作業をするための短い記憶。ワーキングメモリーとも呼ばれる。作業が済めば忘れる。
  - **長期記憶** 思い出、知識、身に着けた技術など、長く脳に保存される記憶。陳述記憶と非陳述記憶に大別される。
    - **陳述記憶** 言葉や図で表現することができる記憶。
      - **エピソード記憶**
      - **意味記憶**
    - **非陳述記憶** 言葉や図で表現することができない記憶。
      - **手続き記憶**

エピソード記憶

「いつ、どこで、何を」といった自分自身の経験や出来事に関する記憶。覚えようとしなくても自然に覚える。

例 「ここまで電車に乗って来た」「子どものころ犬に噛まれた」「みんなで旅行した」
――など

意味記憶

言葉の意味や数式など、一般的な知識や常識などに関する記憶。学習を通して得られるが、使わないでいると忘れる。

例 言葉や文字の意味、人や物の名前、「1+1=2」「リンゴは赤い」というような知識
――など

手続き記憶

体験や経験を通して、体で覚えた運動技術や認知技能など。一度覚えるとなかなか忘れない。

例 楽器の演奏、泳ぎかた、自転車の乗りかた
――など

50

忘れたり、思い出したりする記憶のメカニズム

記憶がどのように存在するのか解明されつつある

海馬から大脳皮質に送られた陳述記憶の情報は、神経細胞を刺激し、たくさんの神経細胞とシナプスが組み合わされます。**そうしてできた記憶の回路が大脳皮質に保存されます。**記憶を引き出す際は、その回路に電気信号を送ることで呼び覚まし、思い出すことができるのです。**ただし、長く思い出されないでいる記憶は消去されていきます。**

年を取ると物忘れで記憶をすぐなくすと思う人がいるかもしれませんが、そうとは限りません。

物忘れは、老化により記憶を引き出そうとする電気信号のエネルギーが弱くなって記憶の回路に信号が届かなくなるのが原因であって、記憶自体が消えることで起こるのではありません。

忘れたくない記憶は、思い出すようにすることが大切です。

最近の研究により、記憶の種類によって保存される脳の場所が異なることがわかりつつあります。エピソード記憶は前頭葉に、意味記憶は側頭葉に、感情に関わる記憶は扁桃体に保存されます。

一方、非陳述記憶（手続き記憶）は大脳基底核の線条体と小脳に保存されます。

大脳基底核は脳が体の筋肉を動かしたり止めたりするときに、小脳は筋肉がスムーズに動くように動作を細かく調整する働きをします。人がこの働きを使って体を動かし、何度もくり返すと、そのうち、線条体と小脳では神経細胞ネットワークがつくられます。これで正しい動きを学習し、記憶される仕組みになっているのです。

このようにしてできた神経細胞ネットワークは消えるはことなく、いつまでも残ります。

記憶の保存に関わる脳の部分

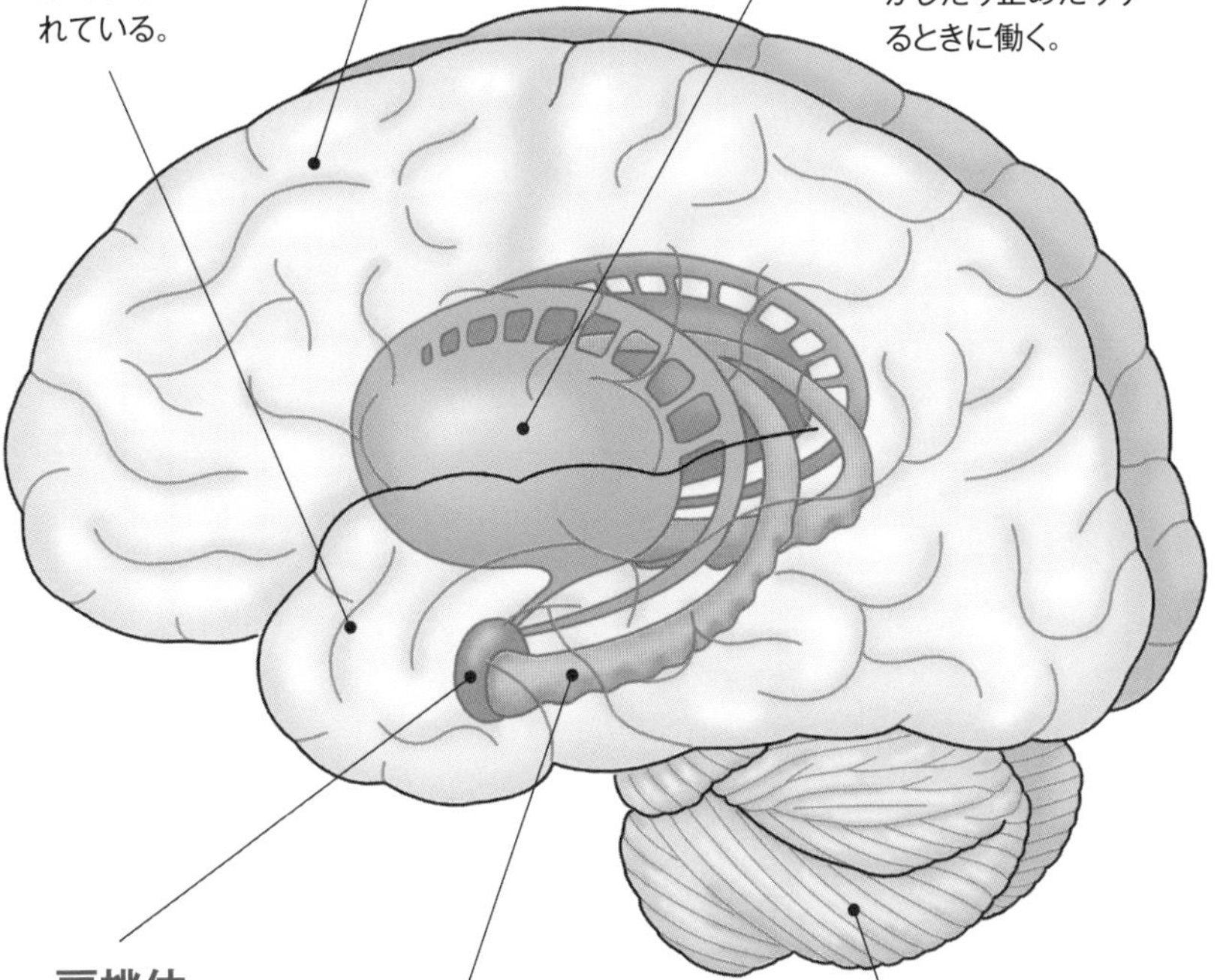

前頭葉
エピソード記憶が保存されている。
大脳基底核
非陳述記憶が保存されている。小脳よりも大ざっぱな動きの記憶で、筋肉を動かしたり止めたりするときに働く。
側頭葉
意味記憶が保存されている。
扁桃体
感情に関わる記憶が保存されている。
海馬
短期記憶の貯蔵庫。記憶を一時保存し、長期間記憶したい情報を選択する。
小脳
非陳述記憶が保存されている。細かい動きの調整の記憶で、筋肉の動きを調整してスムーズに動かすために働く。

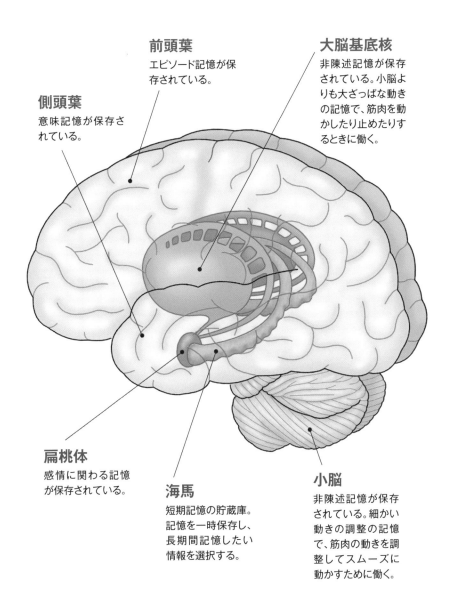

51 睡眠は大脳のリフレッシュタイム

睡眠中の脳は昼とは違うモードで活動を続ける

大脳は、毎日、絶え間ない精神活動や運動制御を行なうため、たくさんのエネルギーを費やしながら活発に働いています。そのため、休息する時間を必要とします。それが睡眠です。

とはいえ、睡眠で脳が完全に休むわけではありません。大脳は休んでも、生命維持活動を司る脳幹、および大脳の一部は働きを続け、昼間とは違ったモードで活動をするのです。

睡眠中の活動モードは2種類あり、それはレム睡眠とノンレム睡眠です。

レム睡眠は体が眠っていながらも脳は活発に働く浅い眠りで、ノンレム睡眠は大脳の活動がほとんど停止する深い眠りです。「レム（REM）」とは高速眼球運動（Rapid Eye Movement）のことで、レム睡眠のときは、まぶたの下で眼球が急速に動くのでこのように呼ばれています。

睡眠中は、長いノンレム睡眠の間に、短いレム睡眠が現れ、それは一晩に4～5回くり返えされます。ノンレム睡眠の目的は、大脳を休息させることで、レム睡眠の目的は、ノンレム睡眠の状態から覚醒へと導くことだと考えられています。

また、睡眠中（特にレム睡眠中）は、海馬をはじめとした記憶に関わる部位は活発に活動をし、昼間に体験した記憶の整理や、必要な記憶の定着が行なわれていることがわかっています。

なお、その作業と夢が関係していることを示す研究報告がいくつも出されています。そのなかには、睡眠中の脳は昼間の経験や学習の情報を、夢として再生させることにより、記憶の選別を行なっているのではないかと考える説があります。

睡眠中に交互に訪れるレム睡眠とノンレム睡眠

レム睡眠

体は眠っているが、脳は活動する浅い眠り。明け方に近づくほど、長くなる。1回10～30分ほどで、約90分間隔で訪れる。脳の活動により、夢を見る。眼球運動が行なわれる。

脳への効果

記憶が整理・固定される。

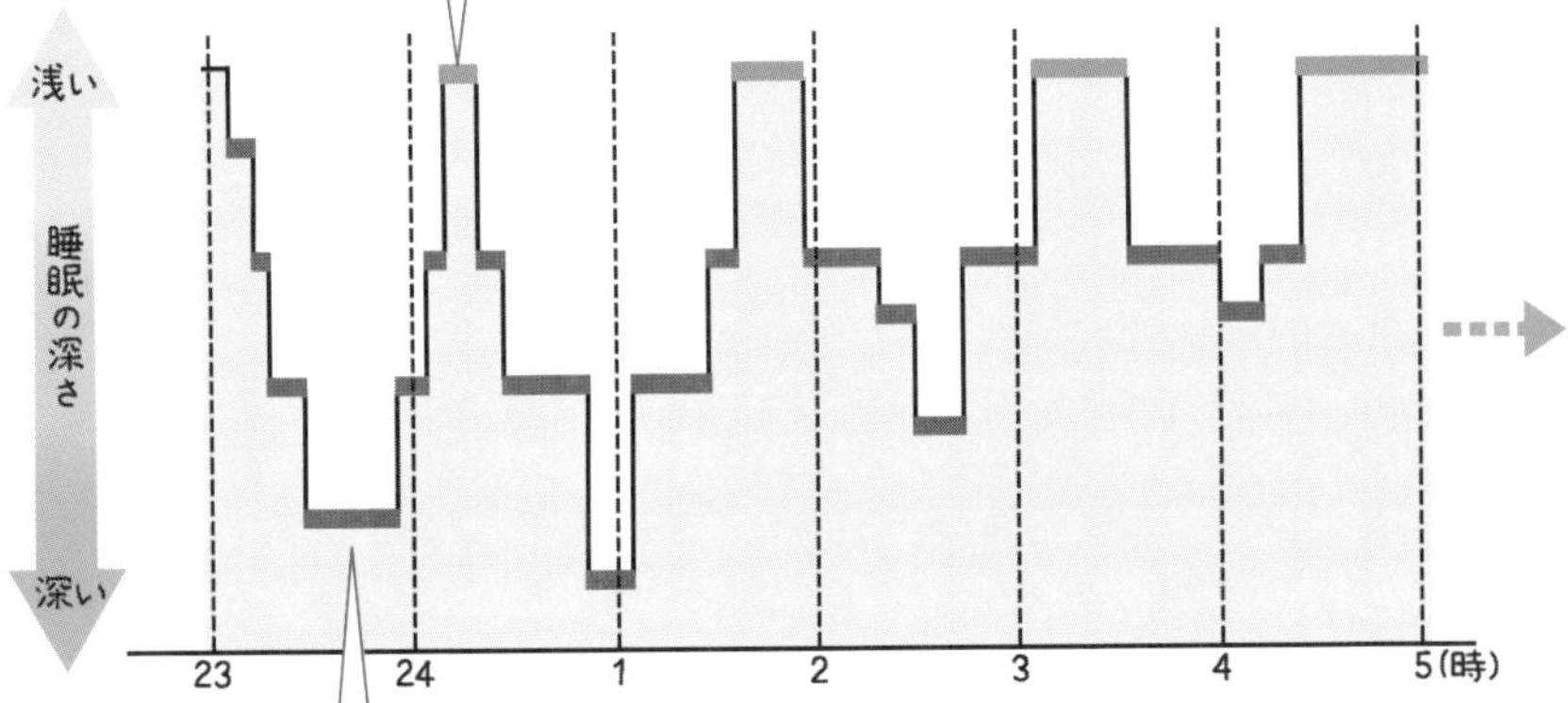

ノンレム睡眠

体は寝返りをうったりして動くが、脳が活動しない深い眠り。深さには段階があり、明け方に近づくほど浅く、短くなる。脳は活動しないので、夢は見ない。眼球運動はない。

脳への効果

脳に溜まった疲れが取れる。

脳のこと、どれだけ知っていますか？

押さえておきたい脳のキホンの豆知識

豆知識 1

神経細胞をつなぐと地球25周

脳は、電気信号を出して情報をやり取りする神経細胞で構成され、その数は数百億から1000億個以上にも及びます。1つ1つの神経細胞は「ニューロン」と呼ばれ、細胞体のほかに軸索、樹状突起からなっています。それらをすべてつなげると、100万キロにも達します。これは、地球25周に相当します。

神経細胞同士はシナプスと呼ばれるところでつながり、信号をやり取りしています。そのスピードは秒速120メートルにもなります。

豆知識 2

脳の容量は1,024TBに相当する

仮に脳がコンピュータだとして、その記憶容量はどのくらいになるのでしょうか。いろいろな試算のやりかたがありますが、アメリカの研究所の発表では、脳全体の記憶容量は約1ペタバイト（1,024テラバイト）だとされています。

これは書類をめいっぱい収納した4段式キャビネットの2000万個分の文字情報に相当し、HD品質の映像なら13.3年分のデータ量とのことです。

私たち人間にとってもっとも大切な器官である脳ですが、
意外と知らないことが多いものです。
そこでここでは脳のキホンの知識をご紹介します。
人に話すとちょっと得意になれるかもしれません。

豆知識3

脳は最大の酸素消費器官

身体のなかに取り込まれた酸素は、血液によって体中を巡りますが、酸素の消費量がもっとも多いのが脳。たとえば、100 の量の酸素を取り込んだとすると、脳へはそのうち 20 が回されます。身体の全器官の数を考えると、脳の酸素消費量は相当な量ですが、脳が働くためには、それだけ多くの新鮮な酸素が必要だということです。

そして、食後に眠くなったりするのは、多くの酸素が消化へ費やされ、脳へ回される酸素が不足気味になるからです。

豆知識4

脳が重い人ほど頭がいいの？

脳の重さは出生時は、男女ともに 370 ～ 400 グラムです。大人になると、男性は 1350 ～ 1500 グラムに、女性は 1200 ～ 1250 グラムになります。これは、体重のほぼ2パーセントに相当します。

よく、頭のいい人の脳は重いといった話を耳にしますが、脳が重いから頭がいいとは限りません。20 世紀最大の天才といわれるアインシュタインの脳の重さは、1200 グラムを少し上回るくらいだったそうです。

豆知識 5

男性と女性では、脳の構造に違いがあるの？

同じ人間でありながら、男性と女性では脳の構造に少し違いがあります。ただ、脳全体というわけではなく、大脳の右脳と左脳をつないでいる前交連《ぜんこうれん》や脳梁《のうりょう》、本能を司っている視《し》床《しょう》下《か》部《ぶ》に男女に違いが見られるということです。

性別によるこれらの構造上の違いが男女の人格にどのような違いを生み出しているのかについてははっきりとわかりません。ただ、男性は空間認識が強く、女性は言語能力が高いといわれています。

豆知識 6

右脳派の人と左脳派の人の脳は違うの？

右脳と左脳にはそれぞれ役割があるとされて、右脳は感覚的・直感的な思考を司り、左脳は論理的に考え、言語などを司るとされます。

そうしたことから、右脳が優位に働く人はクリエイティブなことに向き、左脳が優位に働く人は論理的なことに向いているといわれていましたが、脳の働きはそれほど単純ではなく、これらは既に否定されています。右脳タイプ、左脳タイプというのは、脳の機能からくるものではないのです。

豆知識 7

頭のよしあしは、脳のしわの数で決まる？

頭のよい人はしわが多い、とよくいわれます。しかし、これには根拠はありません。

脳のしわは、大脳《だいのう》皮《ひ》質《しつ》の表面にある凸凹（脳溝《のうこう》）をいいます。人間の脳のしわは 1600 ～ 2000 平方センチの広さがあり、頭蓋骨《とうがいこつ》の内部の広さの3倍にも及びます。脳にしわがあるのは、頭蓋骨に脳をおさめるためにできたともいわれています。

このしわは、くしゃくしゃっと紙を丸めたような不規則なものではなく、一定の規則性があるといいます。

豆知識8

脳は糖分を栄養として働いている

一般的に、脳の栄養はブドウ糖とされています。そして、必要なエネルギーは人間が摂取するエネルギー量の4分の1となっています。脳が正常に働くためには、それだけエネルギーが必要。つまり、脳は「大食漢」なのです。

栄養は、口から入った食べ物から摂《と》っています。ですから、不用意なダイエットなどを行なうと、脳にも悪影響が及ぶということになります。

豆知識9

「金縛《かなしば》り」にも脳が関わっていた！

寝ているときに突然身体が動かなくなる「金縛り」。悪い霊に取り憑《つ》かれているから起きるなどと、心霊現象のように語られますが、実はこれにも脳が関わっているのです。

夢を見るレム睡眠には、睡眠マヒという現象があり、これが金縛りの状態です。脳は起きているのに身体が眠っている状態です。時間が経てば身体が動くようになるので、怖がったり、慌てたりしないで大丈夫。

豆知識10

緊張すると「頭が真っ白」になるのは、なぜ？

よく「緊張して頭が真っ白になった」ということを耳にします。このとき、脳内では何が起こっているのでしょう。緊張すると記憶を司る海馬に「緊張してる」信号が伝わります。そうすると、海馬は昔の失敗の記憶を引っ張り出してきます。その苦い記憶で、ほかのことを考えられなくなるのです。

緊張しやすい人は、事前に人前に立った自分をイメージすると、本番でも「イメージ通りだ」と感じて緊張が軽減するそうです。また深呼吸も効果的です。

著者紹介

茂木健一郎（もぎ　けんいちろう）

1962年生まれ。脳科学者。ソニーコンピュータサイエンス研究所シニアリサーチャー、東京大学、日本女子大学非常勤講師。東京大学理学部物理学科、同大学法学部卒業後、東京大学大学院理学系研究科物理学専攻課程修了。理学博士。理化学研究所、ケンブリッジ大学研究員を経て現職。専門は脳科学、認知科学。「クオリア」（感覚のもつ質感）をキーワードとした、心脳問題についての研究を行なっている。全国各地での講演活動や、テレビ出演、雑誌への寄稿など精力的に活動し、Twitterのフォロワーが140万人を超える（2019年12月現在）など、その発言は若者から中高年まで多くの日本人に注目されている。

参考文献

『考える脳』(PHP研究所)茂木健一郎著
『結果を出せる人になる！「すぐやる脳」のつくり方』(河出書房)茂木健一郎著
『すべての悩みは脳がつくり出す』(ワニブックス)茂木健一郎著
『それでも脳はたくらむ』(中央公論新社)茂木健一郎著
『脳の中の人生』(中央公論新社)茂木健一郎著
『AI時代　成功する人の脳の活かし方』(三笠書房)茂木健一郎著
『ひらめき脳』(新潮社)茂木健一郎著
『結果を出せる人になる』(河出書房新社)茂木健一郎著
『脳を鍛える茂木式マインドフルネス』(世界文化クリエイティブ)茂木健一郎著
『目からウロコの脳科学』(PHP研究所)茂木健一郎監修、富永裕久著
『ぜんぶわかる 脳の事典』(成美堂出版)坂井建雄・久光正監修
『やさしくわかる子どものための医学　人体のふしぎな話365』(ナツメ社)坂井建雄監修
『新ポケット版　学研の図鑑⑳　人のからだ』(学研プラス)阿部和厚監修
『ドラえもん科学ワールドーからだと生命の不思議ー』(小学館)藤子プロ・森千里研修
『よくわかる脳のしくみ』(ナツメ社)福永篤志監修
『大人のための図鑑 脳と心のしくみ』(新星出版社)池谷裕二監修

眠《ねむ》れなくなるほど面白《おもしろ》い

図《ず》解《かい》 脳《のう》の話《はなし》

2020年 2 月10日　第 1 刷発行
2023年 2 月20日　第 8 刷発行

著　者　茂《も》木《ぎ》健一郎《けんいちろう》
発行者　吉田芳史
印刷所　図書印刷株式会社
製本所　図書印刷株式会社
発行所　株式会社日本文芸社
〒100-0003 東京都千代田区一ツ橋 1－1－1　パレスサイドビル 8F
TEL03-5224-6460（代表）
URL https://www.nihonbungeisha.co.jp/

Printed in Japan 112200128-112230209 Ⓝ 08　(300025)
ISBN978-4-537-21764-3
編集担当・水波 康